桂林理工大学地质博物馆科普示范基地建设项目
（桂科AD16450001）资助出版

陨　石
户外搜寻与鉴定

[美] 理查德·诺顿　　[美] 劳伦斯·基特伍德　著

陈宏毅　　李世杰　译

中国科学技术大学出版社

安徽省版权局著作权合同登记号:第 12191931 号

图书在版编目(CIP)数据

陨石户外搜寻与鉴定/(美)理查德·诺顿(Richard Norton),(美)劳伦斯·基特伍德(Lawrence Chitwood)著;陈宏毅,李世杰译.—合肥:中国科学技术大学出版社,2019.10 (2022.5重印)

(桂林理工大学地球科学科普教育系列丛书)

ISBN 978-7-312-04696-4

Ⅰ.陨… Ⅱ.① 理… ② 劳… ③ 陈… ④ 李… Ⅲ.陨石—研究 Ⅳ.P185.83

中国版本图书馆 CIP 数据核字(2019)第 115268 号

出版	中国科学技术大学出版社
	安徽省合肥市金寨路 96 号,230026
	http://press.ustc.edu.cn
	https://zgkxjsdxcbs.tmall.com
印刷	安徽国文彩印有限公司
发行	中国科学技术大学出版社
开本	787 mm×1092 mm 1/16
印张	18
字数	362 千
版次	2019 年 10 月第 1 版
印次	2022 年 5 月第 3 次印刷
定价	78.00 元

致劳伦斯·基特伍德:

合作作者、同事和我的好朋友,

在这本著作完成后不久,他突然离我们而去。

他对陨石中矿物的浓厚兴趣,

他在使用岩相显微镜方面的专业知识,

以及他对复杂的科学知识卓越的理解能力,

极大地促进了这本著作的诞生。

他永远值得我们缅怀、纪念!

——理查德·诺顿

　　近十余年来,特别是启动"嫦娥工程"月球探测项目以来,我国陨石学的发展取得了长足的进步。这些进步不仅表现为我国科研工作者在陨石学与天体化学领域取得了一系列重要的学术科研成果,而且更表现为民间陨石收藏、交易和搜寻工作的热情高涨。民间陨石爱好者从十年前的寥寥数人激增至现在的数千人乃至上万人,国际陨石市场也因中国陨石爱好者的加入而异常火爆。近年来,我国科研院所和高等院校从事陨石学研究与学习的科研人员和专业学生数量大大增加,同时,民间陨石收藏家、陨石猎人和陨石爱好者数量也迅速增加。民间甚至还自发组建了交流和研究团体,如中国观赏石协会陨石专业委员会、中国猎陨者团队、陨石博物馆、陨石科普馆等;官方的地质类和自然类博物馆亦开始大量收藏和展出陨石标本。民间为科学研究提供了珍贵的标本,一般大众对陨石的热情推动了陨石学的发展,同时也引发社会公众对陨石学知识日益高涨的渴求。

　　2018年,火流星再次光临云南省西双版纳地区,引发社会轰动。"陨石"一词成为2018年的热点词汇之一,社会对陨石的关注度继续增加。另外,近年来我国西部戈壁区域发现陨石的次数和数量逐年增多,诸如碳质球粒陨石等稀有陨石类型也陆续被发现。这更进一步助推了民间关注陨石的热情,同时,这些珍贵的"宇宙使者"为科学研究提供了宝贵样品,大大促进了我国陨石学与天体化学的研究发展。

　　但我们应该清醒地意识到,相对于欧美发达国家,我国陨石学研究起步晚,多数民众对于陨石的认识尚少。一方面,由于民众的陨石知识匮乏,因此大量的陨石赝品涌向市场,鱼目混珠,有些赝品在某种程度上甚至能与真陨石分庭抗礼;另一方面,在我国西部戈壁区域找到的陨石大部分为普通球粒陨石和铁陨石,而在非洲西北部干燥的戈壁中发现了包括火星陨石、月球陨石和原始无球粒陨石等稀有陨石在内的所有类型的陨石。越来越多的陨石爱好者走进西部戈壁,走进陨石市场,他们急需了解大量陨石学基础知识,例如,什么是陨石? 在野外如何识别陨石(特别是稀有的陨石类型)? 如何将陨石和普通的地球岩石区分? 等等。

在这种背景下,一本如何在户外寻找陨石以及如何鉴定陨石和对其进行分类的工具书就显得尤为重要了。目前已经出版的中文版陨石著作中,绝大多数是专业性很强的专著,而其余的少部分科普类著作又过于简单,这些都不适合陨石初学者和爱好者,更不能满足具备一定陨石学知识的爱好者进一步探索发现的需求。同时,陨石学研究的入门者也需要一本通俗易懂而又内涵丰富并具有严谨科学知识的教材引路,以便使他们具备一定的专业知识。英文版本的陨石工具书虽然较多,但明显不适合英文水平参差不齐的爱好者。因此,翻译一本经典的陨石科普工具书成了当下行之有效的途径。

幸运的是,陈宏毅和李世杰两位有着陨石学专业背景的科研工作者翻译了一本图文并茂的英文著作——《陨石户外搜寻与鉴定》(*Field Guide to Meteors and Meteorites*),原著作者是理查德·诺顿和劳伦斯·基特伍德。该书从陨石与宇宙尘(或称为"星际尘埃")的源区和彗星谈起,向读者展示了陨石和宇宙尘抵达地球的过程以及人们收集和识别陨石的方法。其中,陨石的鉴定和类型划分是该书的核心内容。该书最为独特且引人入胜之处在于有大量精美、特征分明且高质量的陨石照片,这对于陨石爱好者品鉴陨石大有裨益。同时,书中还对许多陨石鉴定的实用知识和技巧进行了归纳和梳理,陨石学初学者和爱好者若能灵活掌握这些知识,就能轻松地识别绝大多数类型的陨石。

该书是一本非常全面和实用的陨石工具书,对于在户外寻找和发现陨石、室内鉴定陨石、了解陨石的起源和物质组成等有很大帮助。并且该书适用范围很广,不仅可为陨石爱好者、初学者、收藏家、陨石猎人、陨石商人等提供知识和借鉴,而且还能惠及陨石科研人员,他们同样能够通过品读学习,从中获得启发。

2019 年 7 月 20 日

前　言 ……

　　大约在 60 年前，那时我还是一个 13 岁的孩子，我开始观察天体。这个习惯改变了我的一生。观察夜晚的星空是第一个挑战，当我知道了这些星座图案如同古希腊和古罗马神话中诸神的纪念碑一样布于太空中，它们便成了路标，从天极到天赤道，我可以假想自己置身其中并在这些图案之间漫步。我很快就了解到，隐藏在这些星座中的物体是美丽而奇妙的星团、星云、双星和星系。不久之后，我放下了从加利福尼亚州《长滩新闻电报》上精心剪下的简单星图，取而代之的是我购买的跟我本人同名的一本书——《诺顿星图手册》。这本书中的星图比我从报纸上剪下的星图含有更多的恒星，这些恒星很微弱，几乎无法用肉眼看到，当然也有特别明亮的星星。一些星星在星空背景之中移动，通常向东移动，但偶尔改变方向并向西移动数周，然后停下来又向东移动。我了解到这些是太阳系的行星，它们的奇特运动困扰了古希腊天文学家数个世纪。

　　不久之后，我意识到自己的局限，如果我想继续这个探险之旅，则需要一个望远镜。在那些日子里，大多数业余天文学家开始用凸透镜制作自己的望远镜（现在，如果你有钱，你甚至可以购买与专业天文台最好的望远镜相当的望远镜）。我做了一个 4 英寸口径的望远镜。这个微不足道的望远镜成了我长期的伴侣，直至我高中毕业。有了它，我可以探索月球上的山脉和撞击坑、土星环、木星及其卫星、火星的极地冰盖等。利用我的望远镜，我已经伸手将天球的所有奇观都拉近了一点。除了显而易见的太阳系物体之外，还有更微妙的东西在挑战着我，让我去寻找和观察。对于小行星，我只能看最大最亮的一个，像一个小黄点在火星和木星之间运动。偶尔有一颗彗星似乎违背了所有的规则，穿越了内行星的轨道，完全无视其运动的规律。彗星非常吸引人，因为与星座不同，每夜甚至一夜的每小时它都会不断变化，留下了由气体和尘埃组成的透明尾巴。天空中有些转瞬即逝的东西——流星。我记得我9岁时躺在地上，看着1946年10月9日的天龙座流星雨，等待星星坠落。我记得盯着一个特别明亮的星星（可能是织女星），并期待它最终落到地球。毋庸置疑，它至今仍然存在于夏日明星中。在那个年纪，我并不知道流星根本不是恒星，而是彗星下降到地球大气层时的尘埃。几年后，我了解到这种关系后，便开始提出更多相关的问题。这颗彗星的尘埃能否通过地球大气层？我母亲的吸尘器里是否可能有彗星尘埃？彗星尘埃，现在更确切地称为宇宙尘，已被飞机在平流层中收集到。大多数尘埃粒子太小，无法产生可见的流星，但每年的流星雨都会向我们展示，1毫米或更大的粒子确实存在，并产生流星，那是一些非常明亮的粒子。

我们可以走得更远吗？宇宙尘与小行星之间是否有联系？有时候，我们可以看到明亮的火球穿过地球大气层并在其后留下烟尾。人们拍摄到它们的飞行过程，并且推断它们来自小行星带。这意味着仍然有大块的岩石物质离开小行星带，并且正在前往地球。今天，世界各地的博物馆收藏了数千块来自太空的岩石样本，它们是早期太阳系的遗迹。所以我们已经从固定的恒星转移到了我们实际可以接触到的天体上。即使阿波罗任务期间在月球上收集的岩石样本，也在地球上有其对应物。过去的十年里，在地球上发现了约50块月球陨石[①]。随着陨石猎人（科学家和业余爱好者）继续在寒冷的南极大陆与炎热的沙漠中搜寻，更多的发现将随之而来。

不久之后，我开始意识到，对太阳系的研究绝不仅仅局限于获取太阳系遥远天体的美丽光学图像。多年后，我认识到要解释我想了解的与陨石有关的诸多问题，需要掌握岩石学、光性矿物学、岩相学和矿物学等诸多领域的知识。我邀请了俄勒冈州中部德舒特河国家森林公园的火山与地质学家劳伦斯·基特伍德与我一起写这本书。他也是火成岩岩石学和矿物学专家，因此他具备有关陨石研究所必需的大部分知识（我们不是以科学家的身份，而是以音乐人的身份相识的，我们都会弹钢琴，并且一起演奏过很多古典二重奏。凑巧的是，我了解到他小时候也有过制作望远镜的经历，也曾经花好几小时在天空下记住星座）。

现在在夜空中闪过的那些微小的尘埃斑点与它们的小行星母体以及陨石之间有了关联。业余天文爱好者不再满足于被动地观察天空。无论是来自小行星的陨石还是一些星际间颗粒，我们实际上都可以将它们俘获。尽管我们花了几个世纪的时间才认识到陨石的本质，但这些太空岩石已经大量地抵达地球的各个角落。一个

---

① 目前是345块，并且还在不断增加。——译者注

新的需要探索的世界等待着那些科学家。业余天文学家用他们的望远镜对太阳系进行了调查，但他们的调查仍然不完整。现在是时候放下你的望远镜，用金属探测器、磁铁、放大镜和显微镜去探索陨石中所记录的太阳系过去45.6亿年里的奇观了。本书将帮助你了解太阳系中的各类陨石。

理查德·诺顿

目　　录 ...

第二部分　陨石家族

第三部分　陨石的收集与分析

绪　论 …

　　如今，学术界与坊间对于陨石的研究热情空前高涨，越来越多的人利用闲暇时间深入西部沙漠，利用磁铁和金属探测器探寻每一个角落，民间的收藏家们做出的努力大大地扩充了我们的陨石库。我们从炎热的非洲北部沙漠中找到了为数众多的新陨石，在南极的冰原中也收获颇丰。

　　本书是一本针对业余陨石猎人与收藏家、业余天文爱好者以及所有对深空探测感兴趣的人的翔实指南。

　　正如本书的书名"陨石户外搜寻与鉴定"所告诉你的，你只需要带着这本书，就可以在户外有效率地寻找陨石，并快速地判断陨石的类型。要知道，关于鸟类或树木的户外指南通常只是罗列插图，你只需将户外观察到的实物与插图比较即可；而岩石和矿物的户外指南则非常依赖于对细节的观察和物理测试。本书也是如此，毕竟那些穿透大气层的碎片也是一种岩石或矿物，只不过它们来自太空。陨石历经高温和地球引力降落于地表，将自己伪装成地球的岩石；而它们的真实身份就需要你用这本书中的知识进行揭示。

　　本书共分为三个部分：古老的太阳系碎片、陨石家族和陨石的收集与分析。

　　第一部分的三章内容讲述了这些外来碎片的类型、起源和观测特征。具体包括：宇宙尘、黄道光、流星和流星雨、流星的观测和拍摄、小行星与陨石的联系以及陨石表面特征。

　　第二部分作为本书的核心部分，是关于陨石鉴定、分类和岩相学的一个详尽指南，包括对陨石的表面特征、内部特征及显微特征的介绍。这部分详细介绍了球粒陨石、原始无球粒陨石、无球粒陨石、行星及月球陨石、铁陨石和石铁陨石的信息，并用色彩艳丽的图片生动地展示了陨石、球粒及流星雨。

　　第三部分讨论了陨石的收集与分析工作。其中第十章回答了一些陨石采集工作中的重要问题，比如，最适合搜索陨石的区域在哪里？新降落的陨石应该是什么样子？第十一章是岩相显微镜的使用指南，这种独特的显微镜对陨石的研究和分类十分重要，它让肉眼看上去十分单调的陨石拥有了鲜明的色彩。这一章详细描述了陨石的组分、结构、球粒陨石中的球粒类型、岩石类型、冲击阶段和风化程度,并为制作简易的岩相显微镜及显微照片的拍摄提供了建设性的意见。

现在,是你的主场了,无论你是热衷于在户外收集陨石,还是在家中研究陨石,我们都将邀请你随我们一起参加这场关于陨石的探险,揭示这一早期太阳系神秘残骸的秘密。这本书作为工具,将为你提供最大的帮助。

第一部分 ▸▸▸
古老的太阳系碎片

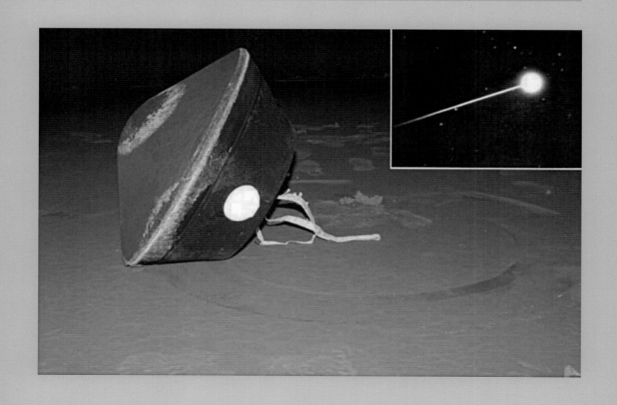

　　银河系中分布着数以千计的巨型气体与尘埃云,它们之间的距离通常为30～150光年,这些物质是由氢、氦、有机分子及尘埃组成的巨型分子云,它们是如此黑暗、寒冷和致密,以至于光线都不能轻易地穿过。我们通过宇宙背景中恒星光线的辐射或浸没在氢气云内部的恒星所发出的光来观察星际云。组成星际云的尘埃颗粒是由铁等重元素,碳以及简单的分子如碳化硅、石墨、金刚石等组成的。这些尘埃分散在硅酸盐颗粒中,形成了气体云的核心。这些星际尘埃颗粒首先在原始碳质球粒陨石中被发现。那些原子量较大的元素是混入物,是通过恒星内部的热核反应形成的,并不能由星云本身制造,然后通过强大的恒星风散射到银河系各个角落。刚形成的星云内部极不稳定,分子云常常会碎裂,可能是因为附近超新星的大规模爆炸产生了巨大的冲击波。随着原始星云坍缩,它们形成密度更高的核心,这个区域每立方厘米大约有10^4个分子。随着坍缩的继续,逐渐形成一个快速转动的原恒星,或者说一个原始太阳,它被厚厚的气体尘埃盘沿其赤道包裹着,这个气体尘埃盘就是原始行星的吸积盘。在圆盘形成并开始冷却后不久,出现了第一批难熔矿物(这些物质在高温下稳定,如碳质球粒陨石中非常普遍的难熔钙铝包体),所有这些都发生在太阳系刚形成的数十万年之内。在不断发展的原始太阳和与之相伴的星盘中,如蚕茧般隐藏着一个核心,它是孕育天体的种子。多年来,业余和专业的天文学家对这种星云都非常熟悉,他们用望远镜拍摄了这些星云。一个著名的例子是在夏季的银河系中穿过盾牌星座的盾牌座星云。天文爱好者用自制的天文望远镜发现了一个稀散星团,它包裹着O型和B型恒星,在星图上标记为梅西耶16号。几年前,被称为鹰状星云的中心部分被哈勃太空望远镜拍摄到,揭示了巨大的呈棕褐色的分子云柱,它们对着明亮的漫射氢区域(图1.1)。星际尘埃粒子散射出恒星发出的蓝光。蓝光在这些分子云柱的顶端发生了光电蒸发,揭示了这个新型恒星系的位置。

图 1.1　哈勃空间望远镜拍摄的一幅氢气分子和尘埃柱顶部的图像。该区域被认为是鹰状星云 M16 新形成恒星的孵化器,每个突出的星点比我们的太阳系略大。图片由美国国家航空航天局（NASA）、欧洲航天局（ESA）和太空望远镜科学研究所提供（美国亚利桑那州立大学 J. Hester 和 P. Scowen）。

第一节　宇宙尘(IDPs)

如今,太阳系仍然是一个遍布尘埃的地方,但曾经占据原行星吸积盘周围的尘埃已不是我们如今在太阳系内能找到的尘埃。我们知道宇宙尘或微陨石主要来自太阳系内的彗星和小行星。但还有另外一种微粒子,它使得天文学家的探索远远超出了太阳系,进入了太阳系以外无数光年的银河系星际环境。这些是前文简要提及的星际粒子,主要由碳基矿物组成,起源于银河系的超新星遗迹。

一、宇宙尘的命运

宇宙尘在太阳系中的命运取决于它们的质量和体积,宇宙尘是太阳系中最小的成员,尺寸范围从大约 1 微米（10^{-4} 厘米）到几微米不等。这个尺寸范围的粒子在进入地球大气层后速度会减缓,然后升温变成可见的流星。较低的质量体积比意味着这些粒子相对于自身质量具有较大的表面积,使它们可以迅速地散发进入大气层时摩擦产生的热量,足以保持不太高的温度并保留原始成分。考虑到这些颗粒进入地球大气层的速度和地球逃逸速度（11.7 千米/秒）相近,不会燃烧殆尽的颗粒的临界尺寸为 52 微米,所以这些尘埃最终以微陨石的形式降落于地表。粒径小于 1 微米的粒子受到太阳辐射压力和太阳风压力的影响,在两者共同作用下会产生一个持续的径向力,这个力最终会将这些颗粒推出太阳系。早期的太空飞船,如先驱者 10 号及 11 号远离太阳向外探索,在

18 AU(天文单位,地球与太阳的平均距离=1天文单位)的地方发现了这些小颗粒。

那些直径在几微米到几毫米的颗粒有着截然不同的命运。对于这些较大的粒子,太阳对它们的引力超过了太阳辐射的排斥力。引力将之送入太阳周围的椭圆轨道,太阳辐射压力的方向与太阳径向不是完全相同的,而是与围绕太阳运动的粒子的运动方向相反。这就好比,你在暴雨中开车,垂直降落的雨滴具有水平方向的运动分量,即与汽车运动速度相等且反向的分量。对于绕太阳运行的粒子,光子似乎不是从离开太阳的径向方向出发的,而是在与粒子运动方向相反的方向上有微小的速度分量。因此,辐射压力对它们可产生轻微的后向力。这种力的作用会阻碍粒子的轨道运动,将其轨道从椭圆变为圆形轨道。粒子的轨道逐渐缩小,直到它最终螺旋进入太阳内部。落入太阳的时间取决于粒子的原始位置(其轨道偏心距和近日点距离)。例如,直径为1毫米的粒子在距离太阳2.8 AU的小行星带将在大约6000万年内旋入太阳。然而,大多数粒子都存在于太阳和火星之间的太阳系内部。距离太阳1 AU且轨道偏心率为0.7(典型的彗星轨道偏心率)的直径为1毫米的颗粒将在100万年内落入太阳。这意味着太阳正在吞噬这些颗粒。现在每秒约有8吨(相当于每年2.5亿吨)的尘埃粒子落入太阳。

二、黄道光

宇宙尘颗粒中最特殊的就是黄道光(图1.2)。在每年春季日落后及秋季日出前,晴朗无月的夜晚,可以观察到这种微光。每年这个时候,黄道面(太阳系的轨道平面)是一年中最垂直的,黄道光可以看作一个以黄道为中心并从地平线的日落点(或日出点)延伸至天顶附近的宽光锥。它通常看起来与银河一样明亮,其最亮点在地平线上的日落或日出点附近,在到达天顶之前逐渐消失。假如有足够黑暗的天空并在正确的时间,黄道光可占夜空亮度的40%以上。黄道光光谱观测表明,它是由数以亿计的宇宙尘反射太阳光形成的。有时,假如天空足够黑暗且晴朗无云,在黄道光的西面还可以观察到一道非常黯淡的光线,这就是所谓的对日照(gegenschein),它同样也是宇宙尘反射太阳光形成的,但是方向相反(图1.3)。黄道光源于太阳和地球之间,太阳光在穿过尘埃时向周边散射。在这个区域,粒子最接近太阳并且数量多,这提供了有效的散射介质。对日照位置与太阳相对应,地球介于两者之间。在这个位置,粒子密度要小得多,而且光线传播到地球需要更远的距离。在大气条件最好的情况下,可以看到黄道光和对日照在天顶附近相互连接。

所以黄道光实际上是一片巨大的尘埃云,充满了水星轨道至木星轨道的太阳系空间轨道。红外天文卫星(IRAS)于1983年1月底发射,携带红外探测器可探测沿黄道面分布的尘埃粒子的热量。这是第一次对黄道的尘埃进行观察的空间探测。此外,该探测器在黄道两侧发现了一个更加广阔的尘埃区域,并在围绕着离太阳3亿~5亿千米的小行星带运动。这表明,可能高达40%~50%的黄道尘埃是由小行星相互碰撞产生的灰尘颗粒。一些天文学家甚至感叹道:"小行星正在慢慢磨碎自己。"除了这个广阔的尘埃带外,IRAS还探测到了与短寿命彗星相对应的尘埃带。这些尘埃带被称为流星群,是过近日点时彗星留下的简单而致密的彗星残余物质。这些物质逐渐分散开来，最终成为广泛弥散的黄道光带的一部分。

图1.2　在春天日落后约2小时看到黄道光的定时曝光摄影。它看起来像是从地平线上的日落点延伸到地平线上近60°的微弱椭圆形光锥。

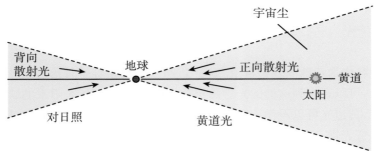

图1.3　黄道光几何图。黄道光既是由宇宙尘正向散射又是背向散射而来。正向散射是两者中较亮的一种，可见于地球和太阳之间。背向散射（对日照）发生在地球之外并在太阳对面，非常黯淡。

三、拍摄黄道光

拍摄黄道光仅需要一款标准35毫米宽度的胶片相机，并配备快速镜头（F/2.8以上），并且焦距足够短，以便测量整个光轴：在黄道两侧的地平线附近15°和从地平线到光锥的顶点60°。28毫米焦距镜头可覆盖35毫米胶片对角线上76°的角直径。在星星开始日常运动之前，你可以在当前焦距下设置25秒的快门时间。较长的曝光时间意味着你需要提供一个马达驱动的望远镜，并在望远镜管上安装35毫米相机。如果你已将望远镜精确地对准北天极，则不需要使用引导望远镜的手柄。使用400ISO的感光胶片或打印胶片并在2~8分钟内曝光会拍出较好的图像。拍摄对日照则是一个更大的挑战，需要长达半小时的曝光时间。

四、收集宇宙尘——非业余爱好者的选择

彗星（包括彗核和尘埃组成的彗尾）是宇宙尘的主要来源。这些粒子是太阳系中最小的成员之一，人们认为超过50%的黄道光是由这些尘埃引起的。红外卫星探测到了穿过内太阳系的彗星尘埃带，并与黄道光的尘埃混合在一起。这些尘埃带在1983年首次被红外天文卫星探测到，然后被宇宙背景探测卫星（COBE）验证。从20世纪50年代末开始，史密森天体物理观测站的科学家们尝试收集这些粒子。科学家们正确地预见，这些粒子会在地球的平流层中悬浮数个星期，会或多或少均匀且缓慢地沉降在地球表面。因此，基于这个逻辑，第一次尝试收集的地点定在地表，这是宇宙尘最终降落的地方。然而事实证明，对于宇宙尘的收集来说地表绝对是一个恶劣的环境，没有人知道在这个天然和人造的陆地污染物的迷宫中应该寻找什么，大部分粒子似乎是来源于地球的。于是，人们很快意识到，需要在地球污染最小的地方——平流层收集颗粒。在20世纪60年代后期，气球被用来将集尘器运载到平流层上层高达37千米的高度。即使在这样的高度，也遇到了地表的污染物，宇宙尘颗粒的数量远远少于预期。此外，携带气球的集尘器无法拥有足够大的空间以收集足够数量的颗粒。即使收集成功，以20世纪60年代中期的技术，也没有办法对这些微小的颗粒进行分析。这些颗粒平均直径约为10微米，许多颗粒由5~150纳米的亚颗粒组成。在开展这些早期的研究工作时，今天的电子探针和离子探针等高精度分析设备仍在研发中。

到20世纪70年代初，情况开始发生变化。美国华盛顿大学宇宙尘实验室的唐纳德·布朗利（Donald Brownlee）和保罗·霍奇（Paul Hodge）开始重新考虑尘埃收集的可能性，这次使用的是高空飞行器。一开始使用的是机翼下配备高效集尘器的U2侦察机，这些飞机（图1.4）具有巨大的翼展，可以在20千米的高度慢速飞行。1973年，布朗利和霍奇首次在35千米的高度进行了成功的试飞。在10次飞行中，他们顺利收集到了约300颗宇宙尘颗粒。

图1.4　第一架从平流层收集宇宙尘的是U2侦察机，后来美国国家航空航天局装备了图中的实验飞机ER-2，沿着机翼收集尘埃，成功收集数百颗粒子（图片由NASA德莱顿飞行研究中心提供）。

在整个大气层中,较低的平流层是收集宇宙尘的最佳场所,许多颗粒的运动速度因为在 100～130 千米的高度与大气分子碰撞而减缓。宇宙尘的这种减速会使颗粒进入平流层下层的通量比上层增加 10^6 倍,从而提高收集效率。这个高度也是大气将大量微粒加热熔化形成流星的高度。每个粒子都会经历一个 5～15 秒的急速加热事件,这是影响其大小、质量、入射速度和入射角度的因素。小行星尘埃相对于同样大小和密度的彗星尘埃经历的加热过程更短。了解颗粒的最高加热温度可以估算颗粒进入地球大气层的速度。小行星尘埃以约为 12 千米/秒的速度进入地球大气层,而彗星尘埃的入射速度约为 20 千米/秒甚至更高。根据进入地球大气层的速度可以区分彗星和小行星粒子。

五、宇宙尘的物理性质

当布朗利和他的同事们终于成功地从平流层下部收集到宇宙尘时,其他科学家正紧锣密鼓地完善电子探针和离子探针分析技术,这是一种能够分析非常小颗粒的仪器。电子探针技术是由法国的雷蒙德·卡斯坦(Raymond Castaing)于 1951 年开始研发的,这种分析仪器在 20 世纪 60 年代已经达到了很高的分析精度。1964 年,陨石学家克劳斯·凯尔(Klaus Keil)和科特·弗雷德里克松(Kurt Fredriksson)首次利用这种技术对陨石进行了高精度分析。他们认为,电子探针对于 20 世纪的地球科学研究来说,就像 19 世纪矿物学家手中的偏光显微镜一样重要。电子探针的分析原理为:设备中的灯丝在高压下受到激发,通过线圈和透镜聚焦产生高压电子束,聚焦电子束打向被抛光的样品表面。一般样品由一种或几种矿物组成,矿物由一种或多种不同含量的元素组成,样品的组成元素在高压电子束作用下产生 X 射线,然后由 X 射线光谱仪分离成组成元素的波长特征。由于不同的元素具有不同的波长特征,而同种元素不同含量则具有不同的强度(计数率),因此,电子探针可以定量分析样品中所含元素及其含量。离子探针的分析方式与 X 射线光谱仪类似。精确聚焦的离子束直接射向样品高度抛光的表面,离子束通过溅射的方式将微量目标岩石转化为蒸气云,然后将其注入质谱仪中以确定岩石的元素组成。相对于电子探针,离子探针可分析的区域更小(纳米级,电子探针为微米级),分析精度更高。

宇宙尘是在太阳系中成功收集到的最小的物质,典型的宇宙尘直径为 1～50 微米,这个尺度的物体需要用电子显微镜进行研究。它们的表面有光滑的也有多孔的;大部分宇宙尘由小矿物颗粒组成,颗粒大小一般小于 0.1～3 微米;密度在 0.7～2.2 克/厘米^3;典型的宇宙尘质量为 10^{-12}～10^{-9} 克。依据化学组成和结构的差异,将宇宙尘分成两个基本类型:微米尺度的球粒陨石集合体和非球粒陨石粒子。由球粒陨石组成的宇宙尘具有与太阳类似的宇宙元素丰度,如 CI 碳质球粒陨石(见第四章)。大多数球粒陨石宇宙尘的内部结构是紧密结合的矿物集合体,孔隙度很小;还有一些内部结构松散固结并且多孔(图 1.5)。宇宙尘的集合体的密度为 2～3.5 克/厘米^3,类似于碳质球粒陨石。几乎所有的球粒陨石型宇宙尘都是由无水硅酸盐或层状硅酸盐组成的。无水硅酸盐包括贫铁辉石和橄榄石以及少量磁铁矿、铁纹石(低镍金属铁)、陨碳铁(铁镍碳化物)和铬铁矿，它们是高度多孔的集合体。层状硅酸盐包括作为主要矿物的蒙脱石(黏土矿物)和蛇纹石。最不寻常的颗粒是被称为"焦油球"聚集的微小晶体，这些颗粒被含碳物质和玻璃结合在一起。

　　在某些方面，宇宙尘似乎与 CI 和 CM 碳质球粒陨石密切相关。它们含有碳质球粒陨石常见的矿物，但其他矿物和结构似乎是宇宙尘独有的。最引人注目的是，许多宇宙尘包含 50% 的碳，而 CI 碳质球粒陨石尽管叫这个名字，却只含有 5% 的碳。

图 1.5　直径为 10 微米的宇宙尘在电子显微镜下的照片，由 NASA 飞行器在 20 千米高度处收集。它是一种无水多孔的"蓬松"宇宙尘，含有类似于小行星尘埃和原始无球粒陨石中发现的矿物，但具有较高的碳和挥发性元素丰度(图片由 NASA 提供)。

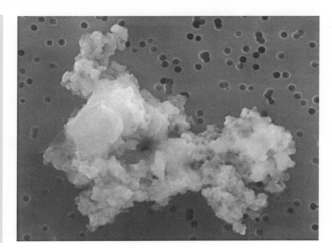

六、深海宇宙尘

　　大约 2/3 的地球表面被海水覆盖，因此说深海是宇宙尘良好的收集场所。在海底寻找宇宙尘的工作实际上从一个多世纪前就开始了。在海底收集的宇宙尘已被确定为铁陨石在进入地球大气过程中烧蚀的产物，大多数球形颗粒直径约为 1 毫米，呈黑色。幸运的是，这些样品含有大量的磁铁矿，可以用磁性收集器从海底取回。磁铁矿与镍纹石(一种富镍的铁合金)共生，往往在富镍合金核周围有一层镍纹石的壳。

　　超过一半的球体具有类似于碳质球粒陨石的 I 型球粒组成，并被认为是球粒陨石的烧蚀产物。主要组成矿物是富镁橄榄石和磁铁矿。橄榄石在通过大气层时熔化并重结晶，而金属铁被迅速氧化并与消融过程中形成的玻璃相结合，最终得到的物质与陨石通过大气时形成的熔壳相似(图 1.6)。

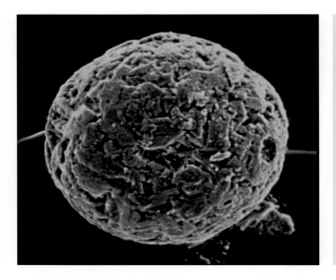

图1.6 在太平洋中部深度超过4000米的地区通过磁性收集器收集的一种球形宇宙尘。当宇宙粒子进入地球大气层80千米高度时短暂熔化形成球形,蒸发某些元素(如碳、钠和硫),并留下主要的橄榄石、玻璃和磁铁矿,其元素组成与球粒陨石接近(图片来自美国华盛顿大学Don Brownlee博士)。

七、在太空收集宇宙尘——星尘号的使命

我们已经知道,地球的环境直至平流层都有来自地表的尘埃颗粒的污染。为了避免陆地污染物,最理想的方法是在空间环境中收集宇宙尘,或者直接从它们的源区——彗星收集它们。从大气层以外收集宇宙尘的想法由美国华盛顿大学的唐纳德·布朗利和喷气推进实验室的彼得·邹(Peter Tsou)在20世纪80年代初期提出并持续研究。1994年,他们获得美国国家航空航天局批准设计和建造一个可以登陆彗星的太空探测器,从彗星的彗尾中收集宇宙尘,并将收集到的颗粒送回地球。以现今的技术,将一架飞机送往19千米高的平流层沿途收集宇宙尘已无难度,但将飞船送上彗星将是一次巨大的技术飞跃。该项目被称为"星尘计划"。显然,这项任务中最大的技术难点是开发可收集彗星颗粒的方法,同时不会在此过程中毁坏它们。正如前面所提到的,彗星颗粒比主带小行星颗粒具有更高的冲击速度。彗星颗粒会撞击到收集器表面,导致它们在接触时立即蒸发。喷气推进实验室的材料科学家们接受了开发这种低密度材料的艰巨任务,使得宇宙尘可以有效地穿透材料,使其在穿越过程中减慢速度并最终被捕获。这种材料被称为气凝胶,具有非常低的密度——仅为0.05克/厘米^3。气凝胶具有良好的绝缘性能,使得物质能够将能量从撞击的超高速粒子传递给气凝胶,从而对嵌入材料中的彗星颗粒进行"软捕获"。

1999年2月7日,星尘号航天器发射向周期性彗星怀尔德二号(Wild 2),开始了它史诗般的旅程。一年后,星尘号开始收集星际尘粒子,这些都是太阳系外的粒子,科学家早在星尘任务成为现实之前就已经在寻找这种星际尘粒子了。数十年前(1978年)地球化学家在Murchison CM2碳质球粒陨石中发现了稀有气体氙气。五年后,他们宣布发

现了两种碳的同素异形体，它们可以作为具有晶体结构的载体晶粒，在碳粒被排入星际介质时捕获并保留氚气。最后，他们在 1987 年提出了确凿的证据，证明碳载体是以微小的纳米金刚石形式存在的，是宇宙尘平均尺寸的 1000 倍。如预测的那样，氚被发现锁定在星际微金刚石的晶体结构中。他们通过溶解掉整个陨石并收集含有不溶性金刚石粉尘的残留物，从 Murchison 陨石中提取到了星际金刚石。美国芝加哥大学提取微型金刚石的科学家团队成员之一的艾德·安德斯（Ed Anders）曾这样说："你要想从干草堆中找到一根针，最简单的办法就是把干草堆烧掉。"

　　2004 年 1 月 2 日，星尘号航天器通过了怀尔德二号的彗尾，顺利地捕获了一批宇宙尘；同时，它还在仅仅 150 千米的距离处拍摄了怀尔德二号的彗核，完美无瑕地展示了它冰冷斑驳的表面（图 1.7）。在飞越之后，飞船的最终任务是释放带有珍贵货物的样品返回舱。2006 年 1 月 15 日，样品返回舱重新进入地球大气层，短暂地闪烁成明亮的流星，并成功降落在犹他州的沙漠地面上，保护着气凝胶和被俘获的彗星颗粒（图 1.8）。当胶囊被打开时，人们看到了几十个完好无损的彗星颗粒。初步调查结果显示，两颗微米级的颗粒由富含镁的矿物——镁橄榄石组成，这种矿物是地球上火成岩中常见的几种橄榄石之一，也是球粒陨石的主要组成矿物。

图 1.7　星尘号航天器于 2004 年 1 月 2 日掠过了怀尔德二号彗星，并成功地收集了数百颗颗粒。与此同时，它在距离彗核 150 千米处拍摄了彗星冰冷的核心（图片由 NASA 提供）。

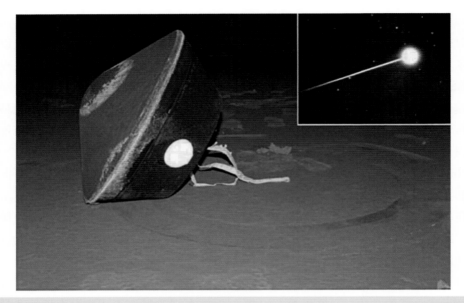

图 1.8　经过 7 年的漫长旅程,星尘号返回舱重新进入地球大气层,它燃烧着并拉出一条长尾。防热罩出色地完成了它的工作。2006 年 1 月 15 日,这颗锥形返回舱带着珍贵的样品完好无损地抵达犹他州沙漠地面(图片由 NASA 提供)。

第二节　流　　星

　　当我们开始讨论流星时,流星体和陨石的命名规则是一个很好的切入点。"流星"这个词是最常见的用词不当情况,它像是在说这是一颗从一个地方跳到另一个地方的星星。也许当你还是个孩子的时候,你也期待着看到这样一颗星星飞过天空并在天空中闪耀着神奇的光芒。但它并不是一颗掉落的星星,人们使用"流星"这个词来描述从太空坠落的岩石,但是你不能在手中握住流星亲眼看着它,或者用锤子敲打它;流星不是一个物体,它是一种发光现象,是在进入地球大气层时摩擦加热到白炽的岩石体形成的光线。人们总是将流星和陨石等同,但实际上两者有很大的差别。陨石是地外起源的天然岩石物质,它能够穿越地球大气层;流星体只是一个比小行星小的物体,可能是小行星"母体"或彗星的碎片。我们来总结一下,当流星体进入地球大气层时发生的发光现象被称为流星,如果它穿越大气层并降落在地球上,它就被称为陨石。

　　人们能够肉眼观察到的流星大约距离地面 160~240 千米。每天,在整个地球上,肉眼可见的足够亮的流星总数约为 2500 万个,微弱的流星比明亮的流星多得多,就像用肉眼看到的那样。如果使用双筒望远镜或小望远镜,可见的数量要比肉眼单独看到的多100 倍,每天约有 80 亿个。

　　绝大多数流星是由流星体产生的,从一颗沙粒的大小到几毫米,通过大气层时的高温让它们消失殆尽。在这个尺寸范围内,它们的亮度从肉眼勉强可见(视星等[①]约为 -6.5)到金星的亮度(视星等为 -4.5)。

一、偶现流星

天文学家将流星分为两种基本类型:偶现流星和流星雨,区别在于它们的起源和可预测性。偶现流星是那些似乎从任意方向接近地球的流星。它们的轨道看起来像彗星一样,没有明显的黄道面倾向。这些流星中的大多数以非常接近太阳系的逃逸速度在移动(74 千米/秒),它们的轨道几乎是抛物线。与偶现流星体不同,流星雨的轨道非常接近行星和大多数小行星所在的黄道面。它们具有与主带小行星类似的小轨道偏心率,它们的轨道是逆时针的,它们从西向东运行到太阳附近。偶现流星体进入到地球的方向决定了它们的大气入射速度。图 1.9 显示了偶现流星体进入大气层的速度如何随其行进方向而变化。在这里,地球以 29.9 千米/秒的速度绕太阳逆时针方向(自西向东)运动,并且沿逆时针方向在其轴线上旋转。从中午到午夜,我们在地球的尾端背离它的轨道方向。绝大多数流星体在穿越地球轨道时几乎以 42 千米/秒的速度做抛物线运动。要进入地球大气层,流星体必须从西方赶上地球。流星体相对于地球轨道速度的速度是 42 千米/秒减去地球轨道速度 29.9 千米/秒,也就是说最低速度为 12 千米/秒。这些是从中午到午夜的慢速流星。12 小时后,随着地球绕轴旋转,情况将发生逆转。到午夜时分,旋转的地球将我们带入了早晨的天空,我们现在面对着地球轨道运动的方向。现在流星体的速度必须加到地球轨道速度上,即 71.8 千米/秒。现在地球正面碰到流星体。这些都是快速流星。更高的相对速度会带来更快、更明亮的流星。因此,观察偶现流星的最佳时间是在午夜和黎明之间。

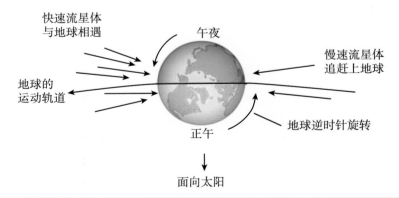

图 1.9 流星体以不同的速度进入地球大气层,速度取决于流星相对于地球前后两侧的路径。

[①] 天文学名词,是指观测者用肉眼所看到的星体亮度。视星等的大小取负数,数值越小亮度越高,反之越暗,如太阳视星等为 -26.7,月球满月时为 -12.8。——译者注

二、流星雨

我们在前一小节中指出偶现流星似乎来自天空中的任何方向,它们出现在天球上的时间是不可预知的。然而,流星雨似乎仅仅从天球上的一个小区域的辐射点出现。流星雨出现的时间和地点是可以预测的。天文学家和陨石学家普遍认为,这些粒子来自短周期彗星的尘埃。当这些彗星穿越地球的轨道时,它们会留下大量小颗粒一起形成流星雨。如果彗星比较老,这些颗粒可能沿着它的整个轨道大致均匀散布,所以每年地球上降落的小颗粒的密度也大致相同。这能直接反映在流星雨期间观察到的平均流星数量。举个例子,每年 8 月份,英仙座流星雨在 8 月 9 日至 12 日的 4 天内定期出现,其峰值为每小时约 60 个流星。英仙座流星雨是一年中最好也是最稳定的流星雨之一。1997 年,其母彗星塔特尔彗星时隔 105 年又到达了近日点,这让英仙座流星雨数量大大增强。全世界的观察者记录的流星密度多达每小时 125 个,是正常值的两倍。

彗星的颗粒通常不会沿其轨道均匀降落,相反,这些粉尘会喷溅出来。图 1.10 为 1986 年哈雷彗星与乔托飞船相遇期间的照片,从中可以很容易地看到这种现象,飞船观察到由于冰的升华,这些颗粒间歇性地喷发出来。

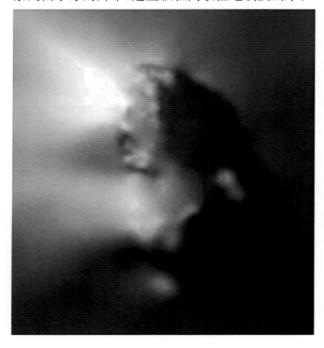

图 1.10　哈雷彗星像两个间歇性喷泉一样喷射粉尘。(照片由欧洲航天局、马克斯·普朗克太阳系研究所、哈雷多色相机团队、乔托飞船提供,感谢 H. U. Keller 博士,版权归马克斯·普朗克太阳系研究所所有。)

流星雨是以发现辐射点所在的星座命名的,辐射点是一种透视效应。流星体是以彼此平行的密集轨道行进的集群(流星体流)中的一员。当地球通过这样的集群时,它被许多同向同速的流星体撞击。事实上,这是一种光学错觉,类似于在几千米的距离观看铁轨(图 1.11),平行轨道似乎会在远处会聚。流星体的集群相互平行,在它们短暂通过地球大气时,也会表现出向一个远方的辐射点会聚。图 1.12 为猎户座南端的照片,可以看到狮子座流星雨中的两颗流星彼此平行移动。流星似乎是远离辐射点扩散的,辐射点不是几何点,有些流星雨是从只有几分的一个弧圈发散的,其他辐射点可能有 1°左右、约为月球直径两倍的弧。辐射点的大小取决于颗粒的密集程度,颗粒越密集,流星雨越壮观。

天文学文献通常会列出 10 个左右最为突出和稳定的年度流星雨(表 1.1)。几乎所有这些流星雨都是由彗星的粒子流产生的。只有一个例外,这个唯一的例子是每年的 12 月 7 日至 15 日出现的双子座流星雨。与常见彗星的密度(0.3 克/厘米^3)相比,双子座流星雨的密度为 2.0 克/厘米^3。显然,它的流星体流是由小行星碰撞产生的岩石矿物组成的,成分与碳质球粒陨石相近。1983 年,红外天文卫星探测到一颗近地小行星 3200 Phaethon 与双子座流星雨处于同一轨道。一些观测者认为还有一场日间流星雨是小行星 1566 Icarus 的碎片组成的。表 1.1 中列出的 11 种流星雨中,最突出和稳定的是 8 月份发生的猎户座流星雨,11 月份发生的狮子座流星雨和 12 月份发生的双子座流星雨。

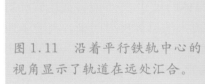

图 1.11 沿着平行铁轨中心的视角显示了轨道在远处汇合。

图 1.12 猎户座南端的狮子座流星雨的两颗相互平行的流星。如果它们更接近辐射点,那么流星就会表现为从辐射点向外辐射。

表 1.1　11 种主要的流星雨

名称	最大活动日期	时间(小时)	速度(千米/秒)	相关天体
象限仪座流星雨	1 月 3~4 日	100	41	彗星 141P/Machholz 2？
天琴座流星雨	4 月 21~22 日	12	49	彗星 Thatcher(1861 I)
宝瓶座 η 流星雨	5 月 3~5 日	20	66	彗星 Halley
宝瓶座 δ 流星雨	7 月 29~30 日	30	41	彗星 141P/Machholz 2？
英仙座流星雨	8 月 11~12 日	60	59	彗星 Swift-Tuttle
天龙座流星雨	10 月 8~9 日	不定	20	彗星 Giacobini-Zinner
猎户座流星雨	10 月 20~21 日	25	66	彗星 Halley
金牛座流星雨	11 月 7~8 日	12	28	彗星 Encke
狮子座流星雨	11 月 16~17 日	不定	71	彗星 Tempel-Tuttle
双子座流星雨	12 月 13~14 日	60	35	小行星 Phaeton
小熊座流星雨	12 月 22 日	10	33	彗星 Mechain-Tuttle

三、流星雨的早期无线电观测

在 20 世纪 40 年代早期,军用雷达操作员注意到流星会在高频广播接收中造成干扰,表现为一个高迅速下降的杂音。然而,以大多数流星体的尺寸,并不能将雷达波反射回地面,从地面发出的雷达波要被检测到,需要它们从更大的目标反射回来。当粒子通过地球的高层大气时蒸发形成流星尾迹后会留下电离气体柱。1946 年 8 月,在英仙座流星雨期间,研究者首次尝试将流星降落的视觉观察与雷达回波结合起来,返回的信号基本都很弱。随后发现,一些无线电波,即波长为 4~5 米的电波,只有在几乎击穿流星的电离气柱时才能有效地反射。只有当雷达波束指向与流星雨辐射点方向成直角时,雷达才能检测到流星雨,也就是流星体来的方向。

1946 年,英国曼彻斯特大学的伯纳德·洛弗尔(Bernard Lovell)及其同事使用战争遗留的雷达设备首次观测了流星雨。11 月 9~10 日凌晨,贾科宾流星群(P/Giacobini-Zinner 彗星)的流星"风暴"突然出现,目击者证实每分钟的流星数量达到数百个。这些观察结果证实了无线电作为检测流星活动手段的重要性。

同样重要的是,二战结束的早期,在焦德雷尔班克观测站利用无线电发现了白天的流星雨。其中大多数在夜间不可观测,只有通过无线电才能在白天进行观测。每年 6 月初,地球会经过两个流星体的最密集的区域,其中一个从白羊座东部出发,每小时有 60~100 个流星,被称为白羊座流星群;另一个从英仙座南部的一个辐射点发散,每小时产生 40 个流星,被称为英仙座流星雨。届时会有数百颗流星横扫天空,但不幸的是,这些流星雨的辐射点在 6 月初时非常靠近太阳,不能用肉眼观察到。但是,月光、云层或日光等严重妨碍视觉观察流星的因素并不妨碍无线电观测流星。有趣的是,国际流星组织实际上列出了十几个甚至更多的日间流星雨,这些流星雨在日出后达到高峰,并且仅能通过无线电方式进行观测。算上这些日间流星雨,现在一年中的每个月份都有流星雨。这是一个让业余无线电爱好者与业余或专业天文学观测者共同受益的好机会。

四、流星爆发和流星风暴

表 1.1 中列出的 11 种流星雨中大多数都不会有较大规模。经验丰富的流星观察者乐于见到他们观察到的流星速率与估算的相同(每小时流星数量)。近年来,观察者们利用观测校正来对目击流星进行更真实的评估,这个校正值被称为天顶每小时出现率(ZHR),它能将流星雨的速率标准化来达到最佳的观测条件。给不同的条件赋予数值,不同亮度的流星数量将会改变,从而改变实际观测到的流星数量。根据定义,ZHR 只是理论上的流星数量,是观察者能在没有阴霾的无云晴空下看到的辐射点在天顶的流星数量。

正如之前提到的,流星雨中流星体的分布很少是均匀的。有时,地球会穿过主要流星流内的一大群流星体,使得流星雨持续几分钟到一小时。当一个正常的流星雨被增强时,就会产生流星爆发。如果普通流星雨继续增强,流星体颗粒非常密集,那么流星雨将成为一场全面的流星风暴。流星风暴通常是由年轻的流星流引起的,其中大部分仍集中在母彗星占据的轨道部分。流星雨通常发生在地球穿过流星流的同时,流星流的主体穿越地球轨道的时刻。流星风暴被定义为每小时超过 1000 颗流星。在 1966 年 11 月 17 日的狮子座流星雨中,流星的密度达到了难以置信的每秒 40 颗流星或每小时 15 万颗流星,这一峰值维持了一小时。在所有历史记录中,流星风暴的记录不超过 10 次。其中,7 次都来自这个神奇的狮子座。

五、大狮子座流星风暴

大部分情况下的狮子座流星雨数量都很稀少,基本上并不值得熬夜观察。狮子座流星雨的规模多变,每小时不超过 10～15 颗流星。英仙座和象限仪座每年都有更好更稳定的流星雨。但狮子座流星雨拥有悠久的历史,它在已知的流星雨中独一无二。这一切都始于 1799 年 11 月 11 日的一次偶然事件。德国博物学家亚历山大·冯·洪堡(Alexander von Humboldt)和法国植物学家艾姆·邦普兰(Aime Bonpland)前往南美洲进行为期 5 年的科学考察期间发生了一件出人意料的事情。11 月 11 日早晨,天还没亮,天空中狮子座的方向突然出现了成千上万的流星。两位科学家从当地居民那里了解到,他们不是第一次看到这样的现象。显然它在多年来或多或少地发生过。通过对当地人的采访,洪堡得出了周期大约为 30 年的结论。这是第一次在流星雨中发现周期性。这项研究引起了人们的极大兴趣,全世界的科学家都在等待着狮子座流星雨预测的验证。1833 年 11 月 12 日,正如预测的那样,以狮子座为中心的夜空出现了最壮观的流星雨之一。在 6 小时内,从西印度群岛到加拿大的多个地点记录到超过 20 万颗流星,流星雨的辐射点于黎明时分到达天顶。每隔 33.25 年,狮子座会落下数以千计的流星。在 1833 年的流星风暴之后,天文历史学家对流星雨的古代记录进行调查,发现在从公元 902 年到 1833 年的 931 年中,有 28 个值得注意的流星雨,如果这些是同一流星雨以 33.25 年的间隔的 28 次定期发生,那么狮子座流星雨会在 1866 年 11 月 12 日回归。他们的预测得到了验证。在 1866 年流星风暴之前和之后一年左右发生了少量流星雨,其余的流星穿越了地球轨道。

1866 年流星雨后天文学家开始更加密切地关注流星群辐射点和轨道的特征。随着对辐射点位置越来越准确的了解,他们开始重新计算流星群更精确的轨道。他们注意到 1866 年发现的第一颗彗星(P/Tempel-Tuttle 彗星)的轨道与狮子座流星群的重新计算位置相同。美国天文学家丹尼尔·柯克伍德(Daniel Kirkwood)以发现小行星带内的空隙而闻名(柯克伍德空隙,见第二章),他首次预测了流星雨与彗星之间的联系。现在毫无疑问,P/坦普尔·塔特尔(Tempel-Tuttle)彗星绕太阳以 33.25 年为周期运行,沿其轨道产生了数十亿微小的尘埃粒子。当地球抵达与该彗星的轨道交汇处时捕获了那里的彗星尘埃粒子。今天我们知道,几乎每个彗星都与其遗留的流星体颗粒有关。

六、观测与拍摄流星的技术

拍摄流星并不像看起来那么简单。开始的时候,你会认为你需要做的就是将相机安装在三脚架上,瞄准辐射点,然后躺下静候佳音。对于业余摄影师,最困难的就是如何将摄像机指向正确的方向,毕竟当你开始拍摄时,那些快速运动的物体还不在那里。拍摄流星是一个需要好运的天文学科。首先,让我们从相机开始入手。

利用胶卷相机仍然是拍摄黑暗天空的最佳和最便宜的方式。一般的数码相机传感器中的背景噪音覆盖了长时间曝光时的微量信息。大多数 35 毫米胶片相机都配备了一个 50 毫米焦距的 F/1.4 镜头,这是 35 毫米摄影中的"标准"镜头。镜头的焦距决定了镜头的工作角度。例如,50 毫米焦距镜头覆盖沿胶片框架对角线的 45°角的区域。较短的焦距镜头覆盖了更广的角度。28 毫米的标准广角镜头覆盖角度为 76°。表 1.2 显示了常见的焦距以及沿对角线的覆盖角度。

表 1.2　常见焦距及其在 35 毫米胶片中覆盖的角度

焦距(毫米)	覆盖角度(°)
21	91
28	76
35	64
50	48
65	36
90	27
105	23
135	18
150	16
200	12
250	10
300	8

选择合适的焦距对流星摄影师来说至关重要。你必须将相机指向正确的方向,才能捕捉流星在相机视野中划过的瞬间。显然,镜头所覆盖的角度越宽,流星越容易被视线捕捉。如图 1.12,图中显示两颗狮子座流星穿过猎户座腰带附近的一个 50 毫米镜头的视场,两颗流星彼此平行运动,这种平行性可见于流星出现在辐射点之外时。在这种情况下,猎户座位于南部的子午线,狮子座的头部和辐射点位于正东仰角 40° 左右。通常流星雨中的流星首先出现在沿着辐射点仰角为 50°、方位角为 20°~30°处。将相机指向这一点会让你有更好的机会捕捉至少部分流星的轨迹。

要拍高质量的流星照片,还有一个重要条件是要有高质量的快速镜头,即焦比小的镜头。焦比就是镜头的焦距除以其光圈,单位为毫米。例如,焦距为 100 毫米且光圈为 25 毫米的镜头的焦比为 4,写作 F/4,这是一个相对快速的镜头。这里需要补充一句,非常快的镜头往往不会拍出高质量的星空图像。拍摄星图是确定镜头的光学质量的重要方法,星图是微小的光点,只有非常出色的镜头和望远镜可以拍到它们。如果星图朝视野边缘延伸,则很可能是因为镜头遇到了彗形像差。彗形像差类似于彗尾,尾部宽阔。其尾部径向远离镜头的光学中心。如果星图在两个方向上彼此呈直角延伸,则是因为镜头发生了散光。在拍摄星图时还可能会出现许多其他像差。幸运的是,通过让镜头处在较高的 F/比率,可以减少甚至消除大部分像差。当然,这会降低镜头的速度,让一切又回到起点。

大多数流星摄影需要对空白的天空进行长时间的曝光。通常要在 15~20 分钟的曝光时间内,使快门保持打开状态。曝光时间超过 20 分钟就会由于光污染而导致曝光过度使天空过于明亮。如果使用 50 毫米焦距镜头,那么地球自转就会影响拍摄。曝光时间只有约 15 秒,之后天上的星星就会由于地球自转而产生轨迹。如果是一个 28 毫米的镜头,那么在大约 25 秒内就会出现星星的轨迹。拍摄流星最简单的方法是将相机放在三脚架上,并曝光 15~20 分钟。随着地球自西向东旋转,星星将以每小时 15°的速率自东向西行进。一些流星摄影师更喜欢将他们的相机放在配备了追踪系统(马达驱动)的望远镜上,以避免星轨的出现。图 1.12 中狮子座的两颗流星在猎户座下的轨迹就是这样拍摄的。追踪照片更加真实,用肉眼能看到的最黯淡的星辰在照片中也会非常明显。还有一个限制因素是照相机视野中所见的轨迹亮度。对于给定的焦比,镜头的焦距越短,流星轨迹将越亮。如果用 28 毫米焦距拍摄的流星与用 50 毫米焦距镜头拍摄的流星相比较,它们的焦比相同,则较短的焦距镜头将照出较亮的图像,而 50 毫米焦距下的流星的长度和宽度会更小。

即便在长时间曝光中考虑了上述的一切细节,还必须考虑相对湿度。在降温时,随着相对湿度的增加,镜头会开始出现露水。在曝光期间有人很有可能意识不到这一点。也可以自制一个露水罩来避免这一问题。在拍摄时,只需在镜筒周围包裹一张纸,将其延伸到镜头前,直到可以看到它像一个镜头边缘的障碍物或晕影出现在视野里。最好通过将镜头调整到 F/16 来增加镜头的景深。如果在光路上出现任何晕影,就会出现非常明显的遮挡阴影。因此需要一厘米一厘米地缩短这个露水罩,直到阴影消失。这种预防措施看起来很简单,但此前已经有很多流星的拍摄者忘记设置露水罩而导致镜头结露,失去了拍摄最佳照片的机会。

参考资料及相关网站

书籍：

Beech M. Meteors and Meteorites Origins and Observations［M］. The Crowood Press，2006.

Bone N. Meteors［M］. Sky Publishing Corp. ，1993.

Bone N. Observing Meteors，Comets，Supernovae and Other Transient Phenomena［M］. Springer Verlag，1998.

网站：

The American Meteor Society and reporting a bright meteor sighting：www. ams-meteors. org.

North American Meteor Network：www. namnmeteors. org.

International Meteor Organization：www. imo. net.

Radio Meteor Observation Bulletin：www. rmob. org.

Photographing Meteors：www. spaceweather. com/meteors/leonids/phototips. html.

> ## 第二章
陨石——小行星的碎片

什么？我们刚离开超空间就进入了流星雨。某种小行星正在碰撞，这些在任何星表上查不到。——韩·索罗(Han Solo)《星球大战：新希望》

第一节　小行星研究的历史

第一章中我们讨论了流星、流星体和陨石之间的区别，以统一术语。小行星的研究也有自己的一套不断演变的语言。威廉·赫歇尔(William Herschel)在1802年的一篇报道新发现天体(谷神星和智神星)的论文中将这些空间中的小型天体命名为小行星："……(它们)像小型的星星一样，很难将其区分。在这里，它们具有小行星的外观，如果我可以使用这个表达，我自己将之命名，称它们为小行星……"

渐渐地，随着更多的小行星被发现，天文学家开始意识到，它们是具有小于行星质量和尺寸的简单物体，在他们的眼中，小行星与太阳系中更为庞大的行星相比只占有微小的地位。到19世纪晚期，许多天文学家将它们称为"小行星"，这意味着它们与主要行星相比是微不足道的。当天文教科书开始将它们称为"小型行星"时，人们对于小行星就彻底失去了兴趣。毕竟，当时的地球上没有一台望远镜能够将它们解析成哪怕是极小的圆面。它们仍然像恒星一样，就像赫歇尔在当时世界上最大的望远镜(他自己的48英寸反射望远镜)中看到的一样。直到20世纪70年代，天文学家才开始意识到小行星的重要性。这些小小的行星，身材矮小，光线微弱，很快便成为帮助人们了解太阳系起源的"巨人"。它们终于有了一个令人耳目一新的名字——小行星母体，它们的"孩子"就是陨石。在过去的45.6亿年里，数百万这些母体的碎片一直在轰炸地球和其他行星表面。这些太空岩石中隐藏的就是我们苦苦寻求的太阳系起源的线索。具有讽刺意味的是，陨石告诉我们更多关于早期太阳系的信息比之前用望远镜观察的所有行星加起来都多。

人们对于小行星及小行星带至今仍有很多误解，尤其是电影人。例如，在电影《星球大战：帝国反击战》中，千年隼号飞船遭遇了一场"小行星风暴"。

千年隼号进入了小行星风暴,当飞船转过来时,小行星径直向驾驶舱的窗户撞去。一颗大型的小行星以最快的速度撞击千年隼号,几颗较小的小行星撞向大的小行星,发生了小型的爆炸……机器人 C-3PO 平静地计算出了成功导航驶出小行星带的概率约为 1/3720。

这些当然是幻想。如今,已知成千上万的小行星占据了火星和木星轨道之间 2 AU 距离的小行星主带。假如你身处小行星主带,你穷极一生都不会遇到一个小行星,更别说撞击到别的小行星了。两个小行星之间的距离远得超乎想象,在数百万年的时间尺度上发生一次碰撞也许是可能的,但绝不可能有什么"小行星风暴"。

第二节　小行星主带　　　　　　　　　　　　　　→

与伽利略(Galileo)同时代的开普勒(Johannes Kepler)是第一个注意到火星和木星之间具有奇怪空隙的科学家。这是显而易见的,因为类地行星水星、金星、地球和火星的轨道相对于它们与太阳的平均距离是非常对称的。让我们从太阳出发,我们会注意到行星之间的距离以有序的几何级数增加。每颗行星的平均距离增加 0.321 AU。水星在 0.387 AU,金星在 0.723 AU,地球在 1.000 AU,火星在 1.524 AU。如果我们保持这个距离向下推断,下一个星球的平均距离约为 2.8 AU。然而并没有大的行星占据这个位置。从太阳出发的下一颗行星是平均距离为 5.2 AU 的木星,这显然是按照之前几何级数计算的距离的两倍。开普勒意识到了这一点,并笃信,2.8 AU 距离处必定会有一颗未知的行星。开普勒提出了一个计算行星与太阳之间平均距离的革命性的公式:$p^2 = d^3$,其中 d 是行星与太阳的平均距离,以天文单位(AU)为单位计算,p 是以地球的轨道周期换算的行星周期。通过这个周期定律,开普勒可以通过简单地观察一个行星绕太阳运行的周期来计算它的平均距离。

周期定律与等面积定律和椭圆定律是西方出现的第一批科学定律。开普勒本人并不了解三个定律背后的原理。他只能相信这是太阳系运行的"神圣法则"。毕竟在 1596 年,只有形而上学的理论能支持他的观点,他坚定地认为在火星和木星之间必定有一个未被发现的行星。然而他没有活着等到这个行星被发现。

一、小行星与提丢斯-波得定则[①]

一个多世纪后的 1766 年,德国天文学家提丢斯·冯·维登堡(Titius von Wittenburg)发明了一种几何工具,计算出行星的间距是一个数学级数。表 2.1 显示了它的工作方式。首先列出一串数列:0,3,6,12,24,48,96,192,384,768。每一个数字都是前一

---

①　提丢斯-波得定则(Titius-Bode Rule),$A = (n + 4)/10$,$n = 0,3,6,12,24,48, 96,\cdots$,$A$ 为行星到太阳的平均距离,单位为 AU(天文单位),1 AU 相当于地球到太阳的平均距离。

个的 2 倍,将每个数加上 4 再除以 10 即可得出行星与太阳的距离的天文单位数(AU)。

柏林天文台的主任约翰·波得(Johann Bode)对该定则颇感兴趣,他用这个公式来说服其他欧洲天文学家证明火星和木星之间必定有一颗行星。1781 年 3 月 13 日,威廉·赫歇尔(William Herschel)偶然发现了天王星。天王星运动的观测结果验证了提丢斯-波得定则至少适用于距离太阳有 24 亿千米远的天王星。该定则表明,应该有一个平均距离为 19.6 AU 的行星,天王星的平均距离为 19.18 AU,这大大提高了欧洲天文学家的信心。他们可以利用这条定则找到天王星之外的行星,假如它们存在的话。根据提丢斯-波得定则,天王星之后的下一个行星(海王星)应该距离太阳的平均距离为 38.8 AU。1848 年 10 月,天文学家发现了海王星,然而并不是通过提丢斯-波得定则,而是通过天王星之外的一个未知行星对天王星的引力扰动。对于海王星和冥王星,提丢斯-波得定则是不适合的(表 2.1)。

表 2.1 提丢斯-波得定则通过数学方法计算行星之间的距离

提丢斯的计算过程	行　星	实际距离(AU)
$(0+4)/10 = 0.4$	水星	0.387
$(3+4)/10 = 0.7$	金星	0.723
$(6+4)/10 = 1.0$	地球	1.000
$(12+4)/10 = 1.6$	火星	1.524
$(24+4)/10 = 2.8$	未知行星	2.77(谷神星)
$(48+4)/10 = 5.2$	木星	5.203
$(96+4)/10 = 10.0$	土星	9.539
$(192+4)/10 = 19.6$	天王星	19.18
$(384+4)/10 = 38.8$	海王星	30.06
$(768+4)/10 = 77.2$	冥王星	39.4

二、首批小行星的发现

天文学家发现天王星后,他们的兴趣被重新激发,开始寻找火星和木星之间那颗难以找到的行星。在欧洲最南端西西里岛已建成十年的巴勒莫天文台,朱塞佩·皮亚齐(Giuseppe Piazzi)一直在那里研究一个全新的星图,用来搜索假定的行星。1800 年 12 月 31 日晚上,他在金牛座附近发现了第八颗接近黄道的天体。这颗星星不在他所修改的星图上。他将这个天体定位在星图上,等待第二天夜晚继续观察。第二天晚上,这个天体相对于固定的背景天体发生了移动。在接下来的几个星期里,他绘制了这枚穿过金牛座的天体的运动轨迹。1801 年 2 月 11 日,皮亚齐病倒,被迫结束观察。由于害怕错失这颗星星,他联系了柏林天文台的波德(Bode),并不情愿地将他的观察结果告知波德。可以理解,皮亚齐想保守这个秘密,直到他能通过观察绘制出这颗星星的轨道。直到春末,他终于披露了他所获得的位置数据,首先是向柏林的波德(5月31日),然后是向巴黎天文台的拉兰德(J. J. Lalande,6月11日)。在此期间,在没有得到其他天文台确认的情况下,皮亚齐将之命名为谷神星(古罗马农业女神的名字)。然而这个时候,这颗新的"星球"已经改变了它的位置,这两个天文台都没有观察到它。无论这些欧洲天文学家多么努力地搜寻天空,新的"星球"谷神星已经失踪了。

但是,发现第一颗小行星的故事并没有就此结束。先是几个天文台开始寻找,但一无所获。然后,欧洲最杰出的数学家卡尔·高斯(Karl Gauss)也加入了搜寻工作。高斯从皮亚齐在1801年2月11日获得的原始数据中计算出了一个轨道,从这些数据中,他确定了这枚天体的位置。1802年1月1日,即距最初发现这颗天体一年后,谷神星(图2.1)被重新发现并且再也不会从人们的视野中消失了。

图2.1 2004年1月24日由哈勃太空望远镜拍摄的谷神星假彩色图像(由NASA,ESA,J. Parker(美国西南研究院),P. Thomas(美国康奈尔大学),L. McFadden(美国马里兰大学),M. Mutchler和Z. Levay(STScl)提供)。

谷神星的发现是未来7年的一系列新发现的开始,这7年里又发现了另外3颗小行星:智神星、婚神星和灶神星。很明显,火星和木星之间的空间并不属于一颗行星,而是几个小行星,每个行星都有自己的轨道特征,它们身处一个被称为小行星带的区域。绝大多数小行星位于距离太阳2 AU与4 AU之间的主带上。在发现了四颗小行星后,人们不得不再等待30年才发现下一颗。在1845年,一位德国业余天文学家宣布发现第5颗小行星——义神星。这一发现刷新了小行星发现比赛的纪录。但到了这个时候(19世纪初),出现了一种注定要改变一切的新技术——天文摄影。在天文摄影发明之前,业余天文爱好者和专业天文学家都只能把他们的眼睛贴在望远镜的目镜上,以便能发现什么新东西。但是这种依赖人眼及天文望远镜的观察是短暂的。到19世纪中叶,干板摄影技术正在迅速接管这一领域,长时间曝光的胶片能够拍到数百倍于人眼能看到的小行星图像。到19世纪末,已经有300多颗小行星被发现。到20世纪中叶,研究者们已经找到了4000多颗小行星并确定了它们的轨道。小行星的世界似乎没有尽头,小行星数量惊人,现在已知的小行星有三万多颗。

20 世纪最后一个 25 年,天文学观测及拍摄技术都取得了非凡的进步。电荷耦合器件(CCD)的敏感性是最快速的胶片摄影的数百倍,这一技术迅速席卷了小行星的研究。小行星天文学已经变得数字化。现在,自动电子望远镜每晚都会为寻找这些天空中的岩石扫遍整个夜空。而业余天文学家也不甘落后。如今,他们已经配备了大口径商业望远镜和敏感的 CCD 电子设备,只比专业天文台晚了 10 年或 20 年的时间。由于配备了大型的数码业余望远镜,拍摄 16 等或更暗的小行星的图像已成为可能。这显著增加了业余爱好者发现小行星的概率。如果这种情况继续下去,只需 3~4 年时间,已知的小行星数量就会增加一倍。

三、编目和命名新的小行星

第二次世界大战结束后,国际天文联合会(IAU)建立了小行星中心,可以汇集世界各地业余和专业天文学家的观测资料以供分析使用。每个月都有大量数据涌入位于美国马萨诸塞州剑桥市史密森天体物理观测站的数据库。在这里,有关彗星和小行星的新发现的数据被有序地处理。第一步是将新发现的数据提供给计算机,以查看是否与已知或疑似的彗星或小行星相匹配。如果该天体看起来像是一颗新的小行星,则临时指定一个名称。该天体必须在至少连续两晚观察到才有资格获得此临时名称。临时编号是发现年份和月份的组合。然后要将临时编号的小行星的位置与已知小行星(或其他临时小行星)的位置进行比较。如果不能与其他临时小行星建立联系,则进行进一步的观测,从中计算轨道。此时,可能会用几个月的时间来完善小行星轨道并寻找与其他临时小行星的联系。如果目前没有进一步的联系,那么这个对象就很有可能确实是一颗新的小行星。一旦天文学家得到这个确定信息,该小行星就被赋予其最终名称——一个名字与一个数字,数字表示发现的顺序。因此,第一颗发现的小行星谷神星(1 Ceres)将获得 1 这个编号和 1 Ceres 这个名字。其他小行星按照数字顺序向下编号。命名新发现的小行星是一个更简单的过程,发现者有提供名称的特权。当小行星第一次被发现时,它们被赋予来自古希腊和罗马神话中女性的名字。当时,天文学家不知道这些名字很快就会被用完,因为被发现小行星的数量在 19 世纪迅速攀升。可以想象,这种特权很快导致了一些相当不恰当的名称的出现——从摇滚明星到没什么名气的历史人物。最后,IAU 于 1982 年成立了一个小天体命名委员会,其目的是审查每个名称并判断其是否适合发布。

四、从小行星带到地球

行星天文学家普遍认为,小行星是陨石的母体,这些陨石是小行星的碎片。这虽然尚未得到证实,但暂时被认为是一种合理的假说。问题在于陨石是如何到达地球的。太阳系中有三个存在小行星的区域,其中最著名的就是主带,它占据了距太阳 2 AU 与 4 AU 之间的区域,是一个相当稳定的地带。自从 45.6 亿年前形成以来,大部分主带小行星都在太阳附近的圆形轨道上运动。到 1866 年,在该区域已经发现了足够数量的小行星,足以确定它的真实情况,但事情并不简单。同年,美国天文学家丹尼尔·柯克伍德(Daniel Kirkwood)指出,小行星主带并不如当初想象得那样统一。其内部似乎存在空隙,空隙中很少或几乎没有小行星。图2.2显示了主带内小行星的分布。这个空隙是显而易见的,但这个空隙是怎么形成的呢?柯克伍德和其他天文学家都知道,木星的引力可能是最初将这些小行星拉入主带的原因。但更重要的是,他认识到空隙附近或内部的小行星轨道十分不稳定。柯克伍德计算了空隙位置的轨道周期,发现这些周期与木星的轨道周期有关,也就是说,木星周期是空隙位置的小行星轨道周期的整数倍。例如,3.28 AU的小行星的周期为5.94年,恰好是木星的轨道周期(11.88年)的一半。因此,每两年木星和那颗小行星就会靠近一次。这种引力链接被称为共振。任何周期与木星周期为简分数关系的小行星将比稳定轨道上的其他小行星经历更多的引力扰动。这些扰动的结果是,在几百万年内,受到干扰的小行星的轨道偏心率将逐渐增加,其沿着椭圆轨道加速并穿过整个带,这增大了与其他主带小行星碰撞的可能性。这种碰撞可能是让那些碎片来到地球及其他类地行星的背后原因。如果这些小行星在通过主带的过程中幸存下来,它们最终可能在内圈行星之间建立椭圆轨道。

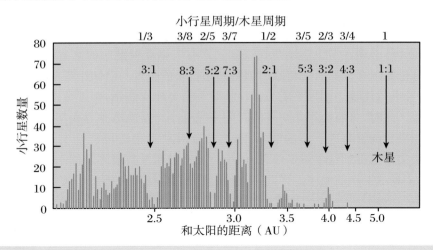

图2.2 小行星距离与轨道周期的关系图显示了木星引力扰动造成小行星带出现明显的空隙,这个空隙被称为柯克伍德空隙。

五、近地天体

近地天体(NEOs)是那些逃离了主带的小行星。它们在太阳系内圈的行星之间漫游,其中地球是最大的目标。小行星爱神星(433 Eros)是人类发现的第一个离开主带并穿过火星轨道的小行星,它距离地球轨道$2×10^7$千米。1932年3月,人类又发现了另一个穿越火星的小行星,其近日点为1.08 AU,被命名为阿莫尔(1221 Amor)。它成为阿莫尔型小行星的原型,即穿越火星轨道并且近日点为1.0~1.3 AU的小行星。大约一个月后,又发现了另一颗近地小行星,但这次的近日点是在地球轨道内。这颗小行星在被发现时非常迅速地移动,表明它正快速接近地球。1862 年,小行星阿波罗(1862 Apollo)成为了阿波罗型小行星的原型,这种小行星近日点在地球轨道内。进一步的观察表明,阿波罗小行星实际上通过了金星的轨道。总的来说,它们被命名为越地小行星。阿莫尔型小行星和阿波罗型小行星都仍然保持与主带的联系,它们的远日点仍位于主带的范围内。就像注定的一样,在 1975 年,人类发现了一颗与小行星带完全断开联系的小行星,它与太阳的平均距离完全位于地球轨道内。这颗小行星(2062 Aten)成为了阿登型小行星的原型。

六、特洛伊小行星

我们最后还要再介绍一个小行星群。这个小行星群中的黑暗天体与木星共用一个轨道。分别在木星东部和西部 60°处发现有两个独立的群体(图 2.3)。1906 年,德国天文学家马克西米利安·沃尔夫(Maximilian Wolf)发现了第一颗特洛伊小行星。这种小行星群的存在并不令人惊讶,1772 年,法国数学家约瑟夫·拉格朗日(Joseph Lagrange)就表明,可能有多达 5 个这样的星团可以"附着"到木星的轨道上。然而,在 5 个拉格朗日点(Lagrangian points)中,只有两个(L_4 和 L_5)是稳定的。特洛伊小行星处于 1∶1 共振点,小型小行星可以长时间保持稳定。最大的特洛伊小行星是赫克托(624 Hektor),它的尺寸约为 300 千米×150 千米。平均尺寸 14 千米或更小的特洛伊小行星总数可能达到数千,数量上可以与主带小行星相当。

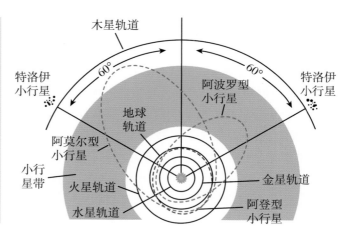

图 2.3 阿波罗、阿莫尔和阿登小行星的典型轨道,它们都穿过地球的轨道,被统称为近地小行星。特洛伊小行星在木星的东部和西部 60°处占据非常稳定的位置。

七、业余天文爱好者的重要工作

今天我们已知的近地小行星在 800 个以上,还有许多小行星有待发现。这是一个非常好的研究机会,业余天文学家也可以参与并做出重要贡献。现在的情况是,有太多的小行星,而观察者的数量明显不足。目前已知的小行星超过 30000 颗,绝大多数来自主带。另外,可能有多于 1000 个近地天体。所有这些小行星都会受到木星和土星引力扰动的影响,在短短几年内完全改变轨道,从人类的观察中消失。要知道第一颗被发现的小行星——谷神星在被发现后的几个月内失踪了,一年后才被再次发现。

来自观测站(目前从事工作的 5 个天文台,见下文)参与调查的天文学家将他们对近地天体的发现报告给位于马萨诸塞州剑桥市哈佛大学的史密森天体物理观测站的小行星中心。这些观察结果被发布至叫做近地天体确认页面的网站。一旦一个物体被指定为近地天体,它必须被不断追踪以确保其不会丢失。它的轨道总是存在一些不确定性,这种不确定性会随时间增加,因此需要定期观测。有太多新发现的近地天体需要持续的观测,这就是业余天文学家可以提供帮助的地方。业余天文学家可以重新定位和进一步追踪每个新的近地天体。这些观测有助于改善物体的轨道数据,并确保小行星未来不会丢失。

目前的五大近地天体研究项目是:

(1) 位于美国新墨西哥州索科罗的麻省理工学院林肯实验室和美国空军的 LINEAR 项目;

(2) 位于美国亚利桑那州图森的亚利桑那大学斯图尔德天文台的 Spacewatch Survey 项目;

(3) 位于亚利桑那州弗拉格斯塔夫的洛厄尔天文台的 LONEOS 项目;

(4) 位于夏威夷的美国国家航空航天局喷气推进实验室和美国空军的 NEAT 项目;

(5) 位于亚利桑那州图森的 Catalina Sky Survey 项目。

八、小行星与陨石的对比

几乎所有的天文学家都认为陨石是小行星的碎片,尽管他们从未直接采集过小行星的样品[①]。我们知道世界范围内收集到的陨石至少来自 135 个不同的小行星,这可能并不包括所有小行星的类型。大约 85% 的陨石都是普通球粒陨石,这说明我们收集的陨石可能更偏向普通球粒陨石。我们需要找到一种方法来比较陨石与小行星带中的小行星母体的矿物学特征。说起来简单,但做起来却困难重重。伽利略号太空船掠过了小行星 951 Gaspra 和 243 Ida,这两颗小行星可能与普通球粒陨石有关。它们的表面似乎覆盖着松散的岩石碎屑层,其下是一层基岩的固结层。它的表面物质是在数百万年间的小流星体重复轰击积累起来的,被称为表土。它是月球及主带小行星表面的主要成分。大量的表面物质在无数次陨石撞击中不断碎裂并压实。在碰撞过程中,棱角分明的岩石碎成了较小的岩石,然后固结成一种坚硬的岩石,被称为表土角砾岩。一些碳质球粒陨石和普通球粒陨石的表土角砾岩已经完好无损地来到了地球。

最小尺度的表土层是微小的矿物颗粒碎片和压缩岩石的混合物。太阳光到达小行

---

① 隼鸟号于 2010 年 6 月 13 日东京时间 22:51 将采自系川小行星的样品带回地球。——译者注

星表面会被吸收、透过或被这些颗粒反射。反射光与入射光之比叫做反照率,为微小颗粒的反射效率,取决于每种矿物对可见光和红外光的响应。随着太阳光穿过矿物颗粒,颗粒吸收特定波长的光并反射太阳光谱中除去被吸收的部分。小行星表面的矿物晶体不会像我们在太阳上看到的那样产生清晰的吸收线;相反,我们会看到由组成表面光谱的几种矿物组成的宽黑带组合。实验室通过比较小行星表面反射光谱与单矿物反射光谱,得出光谱对比数据。

通过反射分光光度计测量发现,只有少数矿物有着显著的红外吸收特征。幸运的是,这些矿物在球粒陨石中都能找到。图 2.4 显示了三种主要的球粒陨石矿物(辉石、橄榄石和金属铁)的反射光谱。利用反射光谱,科学家制定了小行星的分类。表 2.2 总结了几种主要的小行星类型,并列出它们的反照率、相关联的陨石以及它们在小行星带中的大致位置。该表按照反照率递减的顺序排列,但它也按照与太阳的距离增加的顺序排列。例如,E 型小行星靠近内带,也靠近太阳,其化学特征与顽辉石球粒陨石相关。V 型小行星与灶神星(4 Vesta)有关。这是一个有历史意义的小行星,经历了无数次的碰撞。我们很快会讲到灶神星。

S 型小行星被认为与地球上最常见的陨石——普通球粒陨石有关,它们位于小行星主带的中间偏内部。M 型小行星位于中央带,可能与含铁的 E 型球粒陨石和铁陨石有关。D 型小行星是木星的特洛伊小行星,在 L_4 和 L_5 拉格朗日点被发现,位于木星两侧约 60° 的位置,处于小行星主带的极外缘,它们非常黑暗而且是金属质的。C 型碳质小行星在主带中最为丰富,可能与 CM2 碳质球粒陨石有关。

图 2.4　球粒陨石中三种主要矿物的反射光谱。

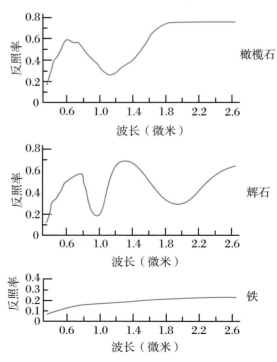

表 2.2　不同类型的小行星及其对应的陨石(按照反照率递减的顺序排列)

类型	反照率	关联的陨石	位置
E	25～60	顽辉石无球粒陨石	内带
A	13～40	富橄榄石的石铁陨石	主带(?)
V	40	钙长辉长无球粒陨石,玄武岩质	主带中间,灶神星和碎片
S	10～23	普通球粒陨石(?),中铁陨石	中间到内带
Q/R	10～23	可能是未风化的普通球粒陨石 具有不同的橄榄石/辉石比值	中间到内带
M	7～20	E 群球粒陨石,铁陨石	中央带
P	2～7	类似于 M,具有低反照率	外带
D	2～5	特洛伊[①]	木星的极外带,L_4 和 L_5 拉格朗日点
C	3～7	CM 型碳质球粒陨石	中间带,3.0 AU
B/F/G	4～9	碳质球粒陨石亚类	内带到外带

① 特洛伊小行星非陨石类型。D 型小行星可能与某种碳质球粒陨石有关。——译者注

　　在确定了小行星反射光谱之后,下一步就是在实验室中选择具有相似反射光谱的陨石进行比较。大多数小行星上都覆盖着一层破碎的表土,由细粒矿物将其胶结。为了进行小行星/陨石比较,两者的表面特征必须严格匹配。这种模拟最好通过将陨石研磨成细粒粉末以使光学特征尽可能相似。图 2.5 展示了一些比较的结果。这里,反照率是针对可见光和红外波长绘制的。虚线显示 5 种常见陨石的实验室反射光谱,实线显示小行星反射光谱。结果表明,小行星表面和陨石粉末的矿物之间密切相关。特别是,爱神星的光谱与 L4 普通球粒陨石非常匹配,阿波罗型小行星 1685 Toro 的光谱(图中未显示)也是如此。

　　C 型碳质小行星是主带中被发现的数量最多的小行星,它们是反照率为 3%～7% 的黑暗星体,反照率只有月球的一半。超过一半的 C 型小行星表现出含有结合水的迹象。

　　S 型小行星是主带中的第二大类,它们可能有与普通球粒陨石最高的匹配度。这样就有一个问题:在地球上,普通球粒陨石量大大超过所有其他类型的陨石。然而,在已研究的 S 型小行星中只有约 16% 具有球粒陨石质组分。碳质球粒陨石在地球上很少见,而 C 型碳质小行星在小行星带上很丰富,普通球粒陨石在地球上非常常见,而对应的小行星在小行星带相对罕见。这样的差异似乎告诉我们普通球粒陨石可能来自一个或为数不多的几个小行星母体,大量到达地球的球粒陨石显然并不代表太空中有大量的球粒陨石母体小行星。因此,我们似乎不能依靠我们的陨石收集数量来判断不同类型小行星的真实数量比例。

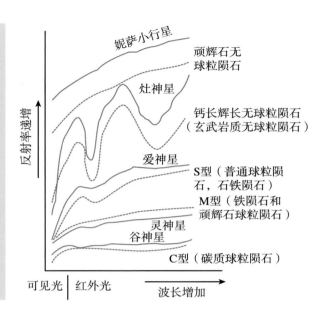

图 2.5　比较几颗选定的小行星与陨石基于不同矿物的可见光至红外光波段的反射光谱，并与用地基望远镜观测到的小行星表面矿物反射光谱进行比较。

九、灶神星

1970 年，麦克德（T. B. McCord）博士及其同事在夏威夷大学地球物理学和行星学研究所创造了历史，他们第一次认识到灶神星和特定陨石类型的光谱之间具有相似特征。他们将 Nuevo Laredo 无球粒陨石的反射光谱与灶神星的反射光谱进行了比较。Nuevo Laredo 是 HED 族陨石中的一个成员，一块钙长辉长无球粒陨石。他们第一次成功地将小行星与特定陨石类型联系起来。

灶神星是一颗十分适合进行分析的小行星，它的直径为 530 千米，是最大的小行星之一，有时，它会有足够的亮度乃至用肉眼可以看到。业余望远镜很容易看到这个跟五等星一样亮的物体在星际间穿行。灶神星的自转周期为 5.3 小时，随着旋转，其光谱不断变化。这意味着它不是一个同质体，而是一个成分更加复杂的存在。它的表面组成随着它的旋转而不断变化。在某些区域，小行星表面主要为类似钙长辉长无球粒陨石的成分，这意味着它在构成上是玄武岩。钙长辉长质的地壳被认为是熔岩流从地表下面喷出并扩散到整个区域所形成。灶神星的一些表面受到其他小行星的撞击形成撞击坑，有些陨石坑穿过钙长辉长质的地壳到达灶神星的上地幔。上地幔由具有古铜无球粒陨石成分的深成岩组成（HED 族陨石是古铜钙长无球粒陨石 Howardite、钙长辉长无球粒陨石 Eucrite 和古铜无球粒陨石 Diogenite 的总称，这些玄武质的陨石可能来源于灶神星）。灶神星上暴露的最深层可能由富橄榄石的物质组成（图 2.6）。

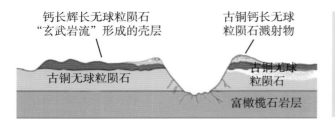

钙长辉长无球粒陨石
"玄武岩流"形成的壳层

古铜钙长无球
粒陨石溅射物

古铜无球粒陨石

古铜无球
粒陨石

富橄榄石岩层

图2.6　灶神星地壳和上地幔的内部横截面结构示意图。

1997年,哈勃太空望远镜拍摄了一系列图像,揭示了灶神星南极附近有一个巨大的撞击盆地,测量宽度为456千米,覆盖75%以上的南半球(图2.7)。据推测,撞击体的直径大约为30千米,以4.8千米/秒的速度撞击灶神星,留下一个12.8千米深的撞击坑。虽然这次撞击开掘了灶神星很大一部分,但这并不足以对灶神星造成太大的影响。然而无数不同大小的碎片散落到太空中,据估计,约有1%的构成灶神星的物质在这次撞击时被挖掘出来。哈勃望远镜拍摄的图像显示,灶神星南极附近有一个旋钮状结构,被认为是一个几乎与灶神星本身一样大的撞击盆地。但随着分辨率的增加①,中央隆起显现,类似于月球上撞击坑中央的反弹峰。这个冲击盆地的形成可能是造成大多数HED无球粒陨石起源的原因。

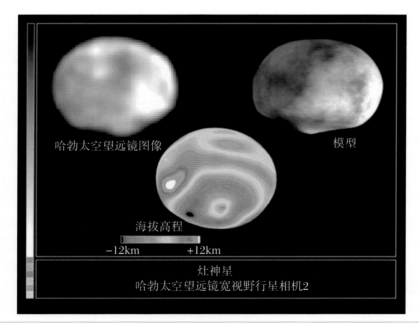

哈勃太空望远镜图像

模型

海拔高程

−12km　　+12km

灶神星
哈勃太空望远镜宽视野行星相机2

图2.7　哈勃太空望远镜的灶神星图像揭示了其地表特征,包括直径为456千米、深达近13千米的巨大撞击盆地,照片拍摄于1997年9月4日(由NASA,Ben Zellner(美国佐治亚南方大学)和Peter Thomas(康奈尔大学)提供)。

---

① 特别是2011年黎明号飞船环绕飞行拍摄的清晰图片。——译者注

十、谷神星

前文中我们回顾了主带小行星中最大的小行星——谷神星被发现的故事。谷神星是 C 型小行星的一员（第二颗被发现的小行星智神星也是其中一员）。它是一个直径约为 940 千米的近球形体，是已知最原始的小行星之一[①]。它非常黑暗，反照率只有 5% 左右。3.0 微米处的宽吸收峰表明其表面存在含水黏土矿物或层状硅酸盐。谷神星与碳质球粒陨石的成员密切相关，尤其是遭受严重水蚀变的 CI 和 CM 型球粒陨石。

2006 年，国际天文联合会将谷神星重新归类为矮行星，所以它从最大的小行星变成了最小的矮行星。它还有两个兄弟：阋神星和冥王星。

十一、小行星近距离接触事件

我们已经知道，即使用最大的地基望远镜观察主带小行星也是十分困难的。即使在最好的条件下，哈勃太空望远镜也只能将最大的小行星看成一个个没有特征的盘状物。但现在情况已经发生了变化，1991 年 10 月 29 日，进入木星的伽利略号探测器遇到了 S 型主带小行星 951 Gaspra。图像是从 5150 千米的距离获得的，很显然 Gaspra 是从一个更大的小行星碎裂出来的相对较小的不规则状碎片（图 2.8）。它的尺寸为 18.2 千米 × 8.90 千米 × 10.5 千米。令人惊讶的是，Gaspra 看起来缺乏较大的冲击坑，大部分撞击坑都被从表面抹去了。这块碎片表面显然是较新暴露的，几乎没有任何大的撞击坑。两年后，在继续前往木星的旅程中，伽利略号航天器再次创造历史，遇到了更大的小行星，它从距离只有 10950 千米的地方掠过小行星艾女星（243 Ida）（图 2.9）。这是另一个 S 型小行星，与 Gaspra 相比艾女星受到较为严重的撞击。艾女星也是一个更大的母体的一部分，长度为 59.8 千米。在掠过艾女星的时候，伽利略号有一个惊人的发现——一个直径为 1.5 千米的小型卫星正在距艾女星地表仅 48 千米的位置上绕艾女星飞行。这

图 2.8　伽利略号拍摄的小行星 951 Gaspra 图像，是太空中拍摄的第一张小行星照片（图像于 1991 年 10 月 29 日由伽利略航天器拍摄，NASA 提供）。

[①]　由于谷神星的体积和形状等特征，目前被科学家划分为矮行星，和冥王星一样。——译者注

颗小卫星现在被称为 Dactyl,是在小行星周围发现的第一颗卫星。

Gaspra 和艾女星及其卫星表现出与实验室测得的普通球粒陨石不同的 S 型光谱特征。其表面光谱特征表明 S 型小行星表面矿物的光学特性由于空间风化而改变。

图 2.9　1993 年 8 月 28 日,伽利略号从 10950 千米的距离拍摄的艾女星。艾女星是遭受太空风化的 S 型小行星。最近发现的卫星 Dactyl 在最右边,直径只有 1.5 千米,在距离艾女星的表面 48 千米处(由 NASA 提供)。

十二、梅西尔德星

　　1996 年 2 月 17 日,会合-舒梅克号太空探测卫星(NEAR)发射,小行星探测界再次轰动。之前伽利略号遇到的两个小行星都是机缘巧合,其主要任务还是探测木星。而这次的主要任务是到达近地小行星爱神星。这次小行星探测任务还有一个次要目标——探测梅西尔德星(253 Mathilde)。1997 年 6 月 27 日,NEAR 飞船到达距离梅西尔德星 1212 千米的位置。这颗小行星是在一个世纪前发现的,但直到 1995 年,地基观测才显示出梅西尔德星是颗 C 型小行星,其反照率仅为 4%,跟木炭的亮度差不多,是月球上黑色月海反照率的一半。这个低反照率强烈地表明梅西尔德星是 CM 型碳质球粒陨石的碎片。进一步的研究发现梅西尔德星的体密度仅为 1.3 克/厘米³,是典型 CM 型碳质球粒陨石体密度的一半,这意味着梅西尔德星内部是破碎的。

　　有两种模型可以描述球粒陨石小行星母体的内部。当原始的天体在原行星盘上运行时,会发生吸积,结果形成了一个均匀的物体,其矿物成分均匀分布在物体的整个内部。短周期放射性同位素²⁶Al 衰变提供的能量使得其从核部到表面全部被加热。热变质作用缓慢地将核部加热至 6 型。热量通过整个天体慢慢地从核部到壳部将小行星物质改造成从 6 型到 3 型的不同岩石类型。结果形成了一个层状结构,就像洋葱的内部,因此被称为洋葱模型。在洋葱体形成的早期,小行星母体受到另一颗小行星的撞击而遭受了灾难性的破坏。撞击将母体打碎成无数小碎片,但在这种情况下,撞击力不足以溅射碎片;相反,碎片之间的相互引力使得碎石堆重新组合成各类型岩石的混合物(图 2.10)。

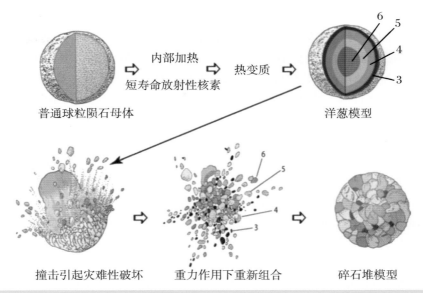

内部加热　　热变质

短寿命放射性核素

普通球粒陨石母体　　　　　　　　　洋葱模型

撞击引起灾难性破坏　　重力作用下重新组合　　碎石堆模型

图 2.10　小行星母体的洋葱模型与碎石堆模型。

目前,梅西尔德星有两个巨大的撞击坑,其中一个在暗处(图 2.11),另一个在顶部,几乎能看到边缘。其表面光滑且非常均匀,表明整个母体可能是均匀的,说明梅西尔德星古老而原始。

图 2.11　拍摄于 1997 年 6月 27 日的梅西尔德星,由前往爱神星的 NEAR 探测器拍摄。梅西尔德星的反照率仅为 4%,亮度不足木炭或者为月海的一半(由 NASA 提供)。

十三、爱神星

与上述的小行星不同,爱神星并不在小行星主带上。它是一颗近地小行星,它的远日点在小行星带内,但它的近日点恰好在地球轨道内。图 2.12 显示了 NEAR 探测器对爱神星的特殊探测任务所选择的路径。1996 年 2 月 17 日 NEAR 探测器发射,1998 年 1 月 23 日其与梅西尔德星短暂接触后受到了地球的重力助推。NEAR 计划于 1998 年 12 月 23 日抵达爱神星,但在到达 3 天后,由于主发动机故障导致轨道并入终止。不到 2 秒的时间,信号停止,操作员与飞船失去联系。NEAR 在无人操作的情况下在空间中翻腾。经过艰苦的 27 小时之后,终于与操作员重新建立了联系,但按计划,1998 年 12 月 23 日在爱神星周围并轨的机会不再具备。如果没有其他情况的话,NEAR 会于 12 月 23 日在爱神星上空 3827 千米处运行。而 NEAR 与爱神星会合并进入轨道的传奇故事是从 2000 年 2 月 14 日情人节开始的。2002 年剑桥大学出版社出版的《小行星会合——会合-舒梅克号的爱神星历险记》一书中很好地展现了整个故事。2000 年将被行星天文学家和陨石学家铭记,因为 NEAR 探测器进入了爱神星的轨道。这是第一次能有一整年的时间来研究近地 S 型小行星。NEAR 探测器携带了多种仪器,包括近红外光谱仪(NIS),用于扫描爱神星表面并测量波长为 0.8~2.7 微米时的反射光谱。目标是确定表面矿物的组成、分布和丰度。在进入初始轨道后的 3 个月内,近红外光谱仪接收了爱神星表面的 200000 个反射光谱。光谱证实其表面存在橄榄石和辉石。此外,橄榄石和辉石的比例与在普通球粒陨石中发现的比例相似。

2000 年 5 月 13 日,近红外光谱仪出乎意料地失效了,但幸运的是,尽管爱神星 90% 的表面没有被扫描,NEAR 提供的强有力的证据足以表明爱神星确实是一个更大的小行星母体的碎片,并且该母体和 L4 型普通球粒陨石特征吻合。

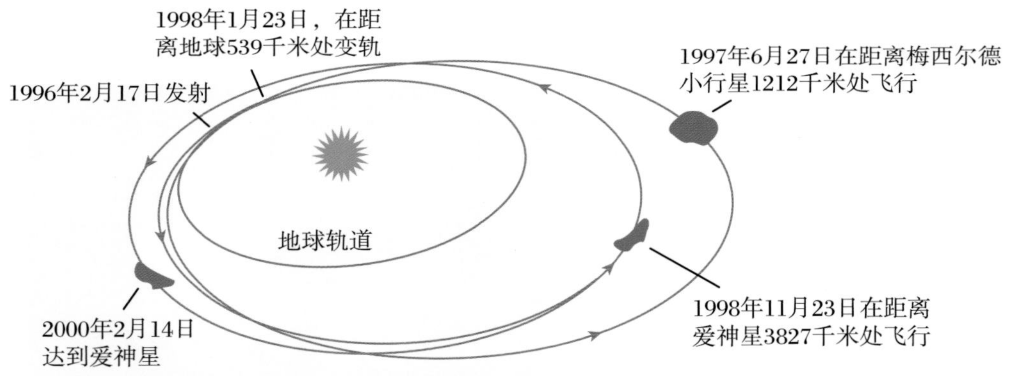

与近地小行星的约会

图 2.12　NEAR 前往爱神星的轨迹(由应用物理实验室、美国约翰·霍普金斯大学和 NASA 提供)。

十四、隼鸟号

隼鸟号以前叫 MUSES-C,它的任务在很多方面与爱神星探测的任务相似。它的目标是从一个叫做 25143 Itokawa 的小型近地小行星带回样本。隼鸟航天器采用了最新技术,首次在太空中使用离子推进发动机,该发动机电离并加速推进剂气体氙气,然后将这些加速粒子排放到空间中。

到目前为止,只有在阿波罗月球任务期间收集的外星物质在地球进行了分析①。月球和行星的总体化学成分可以通过地球望远镜确定,并与散布在地球表面的陨石样本进行比较。但是月球和行星随着时间的推移而演化,由于太阳系最早的母体随热变质而发生变化,因此月球和其他行星不能为我们提供早期太阳系的原始记录。然而,小行星被认为小到足以保存早期太阳系的物理信息。来自像 Itokawa 这样的小型小行星的土壤和岩石样品可以为我们提供有关 45.6 亿年前形成小行星母体的原材料的重要线索。

隼鸟号于 2003 年 5 月 9 日发射,并于 2005 年 9 月中旬与 Itokawa 进行了接触。隼鸟号首先在距离约为 20 千米的位置上对小行星表面进行探测,然后进行仔细观察。该飞船研究 Itokawa 的许多物理参数,如物质组成、颜色、密度、形状和地形。然后,2005 年 11 月 4 日,隼鸟号企图登陆 Itokawa,但未成功。在第二次着陆时,宇宙飞船在程序控制下向地面发射微小抛射物,尝试将其产生的溅射物收集在其号角状收集筒中,仍然未能成功。11 月 19 日,隼鸟号终于降落在 Itokawa 表面,它没有采集样品就直接升空。然而,很可能在稍后的操作中,Itokawa 表面的一些灰尘进入了隼鸟号的样品室,这个样品室目前已经被密封并走上了回家的路②。

隼鸟号并非被专门设计用于登陆 Itokawa,而只是用它的取样工具触摸小行星的表面。虽然这不是原来计划任务的一部分,但隼鸟号确实能够降落在小行星的表面,并在那里停留了大约 30 分钟。这是太空船第一次从月球以外的太阳系天体上降落并起飞(图 2.13~2.15)。

Itokawa 已被证明是一种球粒陨石碎石堆,它从未经历过分异形成地核和地幔。在数百万年的时间里,它已经遭受了无处不在的陨石撞击。令人惊讶的是,Itokawa 表面布满碎石却没有撞击坑。隼鸟号在碎石堆中的一处平坦的、被称为缪斯之海的地方完成了与 Itokawa 历史性的接触。

图 2.13　2005 年 10 月 23 日,由隼鸟号宇宙飞船从 4.9 千米的距离拍摄的小行星 Itokawa。地表上的一些地区非常光滑且不清楚,特别是在小行星中心附近被称为缪斯之海的地区。研究人员认为,这是"碎石堆"小行星被撞击震动所致(来自日本太空和航天科学研究所/日本宇宙航空研究开发机构)。

① 隼鸟号采回的样品已做了分析。——译者注
② 成功返回地球。——译者注

图 2.14 2005 年 11 月 1 日拍摄的 Itokawa 北极。最长的轴线是 535 米,其他轴线是 294 米和 209 米。Itokawa 似乎由两个或三个单独的部分组成,在多次撞击后重新组合在一起(来自日本太空和航天科学研究所/日本宇宙航空研究开发机构)。

图 2.15 2005 年 11 月 12 日,从 0.11 千米的距离拍摄的因受无数次撞击而破碎的岩石散布在 Itokawa 的表面(来自日本太空和航天科学研究所/日本宇宙航空研究开发机构)。

十五、黎明号探索灶神星与谷神星

由于成本超支和技术问题,黎明号探索灶神星和谷神星的任务终止了。但是,人类试图理解自身起源的动力是很难被抑制的。2006 年 3 月 26 日,美国宇航局高级管理层官员向全世界宣布黎明号任务重启。"我们重新审视了一些技术和财务方面的挑战以及为解决这些挑战所做的工作。我们审查确认了项目团队在这个任务的许多技术问题上取得的实质性进展。最后,我们相信这项任务将取得成功。"NASA 副主席、审查小组主席 Rex Geveden 这样说。这项任务的命名是因为它旨在探索和研究从 45.6 亿年前太阳系曙光开始的物体。该任务的目标是对灶神星和谷神星进行探索,它们是在火星和木星轨道之间围绕太阳运行的最大的小行星中的两个。在主带上环绕的数千颗小行星中,谷神星是最大的,直径为 940 千米,而灶神星的直径为 530 千米,排行第四。两颗小行星完全不同。谷神星是最原始的,它含有水和有机化合物,就像碳质球粒陨石一样,它还可能蕴藏着生命起源的线索。灶神星比谷神星成熟得多,是我们所知的少数几个可能分异出地核、地幔和地壳的小行星之一,很像地球和火星。

黎明号于 2007 年 9 月 27 日发射,将在 2009 年初到达火星,此后将被火星重力助推送入小行星带。它将在 2011 年 10 月到达主带,并将花费约 6 个月的时间绕灶神星轨道进行科学研究。然后,它将在 2015 年 8 月离开灶神星并前往谷神星。[①] 这是一个单一的航天器首次被设计为连续运行到两个不同的天体,并依各自的轨道运动。两个小行星都将被彻底拍照,并用红外光谱仪测试,以确定其精确的化学和矿物成分。

十六、载人航天任务

现在美国宇航局正在讨论到 2020 年重返月球的计划,同时也有人讨论计划使用将用于月球任务相同的猎户座舱和战神号火箭进行小行星的载人任务。当然,这种冒险计划阻力重重,而解决这些困难是人类未来更深远的太空探测所必需的。多年来,人们一直对小行星以及开发小行星来获得太空殖民所必需的物质的可能性非常感兴趣。在那一天到来前,我们还是不得不继续等待小行星以陨石的身份来到我们的地球。

参考资料及相关网站 →

书籍:

Beatty J K,Petersen C C,Chaikin A. The New Solar System[M]. 4th ed. Sky Publishing Company,1999.

Cunningham C J. Introduction to Asteroids[M]. Willmann-Bell,1988.

Bell J. Asteroid Rendezvous NEAR Shoemaker's Adventures at Eros[M]. Cambridge University Press,2002.

Lewis J S. Rain of Iron and Ice[M]. Helix Books,1996.

网站:

Small Bodies Data Archives,University of Maryland College Park:http://pdssbn. astro. umd. edu.

Lunar and Planetary Science links to asteroid information:http://nssdc. gsfc. nasa. gov/planetary/planets/asteroidpage. html.

---

① 黎明号于 2007 年 9 月发射,2011 年 7 月至 2012 年 9 月期间环绕灶神星进行了为期一年多的探测,并于 2015 年 3 月进入谷神星轨道。——译者注

第三章
从流星到陨石——生存的考验 …

第一节　进入大气层　　　　　　　　　　　　　　　　　→

　　陨石是来自地球之外其他天体的岩石。为了到达地球,所有流星体必须经过层层考验才能成为陨石。它们必须通过地球密集的大气层,而地球的大气层对大部分进入的流星体来说是一道强有力的屏障。因为这个屏障,它们几乎没有可能在不受到严重破坏的情况下到达地球表面。那些从尘埃尺寸到直径为 2~3 毫米的颗粒通常不会到达地球表面,它们会被完全烧蚀掉,被大气的摩擦加热完全熔化。幸运的是,较大的个体可以成功到达地球,虽然它们的质量和体积都有所减少,但并未完全消失。全世界每年大约有 4 万吨陨石碎片穿过大气层,其中就包括我们在博物馆和私人收藏中见到的陨石,它们是那些通过了高温考验的幸存者。

　　人们不应该将那些一闪而过的明亮流星与最壮观的火球(或火流星)混淆起来。后者是相对较大的流星体,从核桃大小到尺寸为几米不等。根据长期以来的惯例,火球就是视星等达到 −5 或更亮的任何流星体,没有真正的上限(太阳的视星等是 −26.5)。最亮的火球通常具有超过满月的亮度(视星等为 −12.5)。这些大块的岩石通常足够大,从而能在穿越大气层时幸存下来。它们是在太空中与其他小行星发生过无数次撞击的小行星碎片。最强力的撞击会让它们碎裂并产生内部的裂隙,如果它们碰巧在穿越地球大气层时处于这种脆弱状态,就很有可能分裂成几块。

　　大多数的火球都有一些常见的物理效应。法林顿(O. C. Farrington)于 1915 年自主出版的图书《陨石》中记载了如下例子:

　　　　1847 年 8 月 30 日下午 12 点 30 分,一颗陨石在俄罗斯彼尔姆塔博降落,一颗火球出现在晴朗的天空中,并以几乎水平的方向朝着东北移动。它带着火花,留下了一道明亮的烟尾,即使火球已经过去,一些观察者仍在天上看到了明亮的条纹。这个火球仅仅出现了两三秒。两三分钟后,传来了好像许多大炮射击的声音。在该地区的几个村庄,一些重达 2~20 磅的温暖的黑色石头落到了地球上。

1869 年 1 月 1 日下午 12 点 20 分，陨石落在瑞典赫斯勒。先是一阵类似于雷声的沉重声音，随后是疾驰的喧嚣声，最后是管风琴的声音与嘶嘶声。许多小石头如雨点般落下。一块掉在一个渔夫的身边并且反弹起来，他捡起来发现它很温暖。

1847 年 7 月 14 日凌晨 3 点 45 分，铁陨石降落在波希米亚布拉诺，布拉诺人从睡梦中惊醒。天空中发出两次猛烈的声音，如大炮声，然后是持续几分钟的呼啸声和哗哗声。那些及时冲出家门的人看到了西北方天空中还有一些星星闪烁和一小片黑色云朵。这片云发出光芒，向外射出光柱，其中两根照在地球上。这片火云是灰黑色的，随风消失在人们的视野中。随后，一块重达 48 磅的铁陨石被发现在一个 3 英尺深的洞里，而这个降落 6 小时后的陨石是如此火热，以至于灼伤了那些碰到它的人的手[①]。在距离东南方约 1 英里的地方，一个重达 35 磅的物体砸穿屋顶，落在一张有 3 个孩子正在睡觉的床旁边。

一、火球

所有这些故事都有类似的光、热和声音的描述。火球是一场真正的声光表演，这一切的背后是物理学。所有的物体都有惯性，惯性是物体保持自身运动状态的性质。如果物体处于静止状态，它将保持静止状态；如果物体处于直线运动状态，它将继续直线运动，直至外力的作用迫使它改变状态。改变运动状态所需的是动量，它是物体质量（包含物质的量）和速度的乘积，即动量 = 质量×速度。以 40 千米/秒的标准入射速度撞击大气顶部的大型流星体具有巨大的动量。减小它所需的力来自大气本身，大气通过在其上形成阻力来减小流星体的动量，以达到减速的目的。当流星体瞬间加热到熔点时，它通过消熔失去质量进一步减小动量。与动量一样，运动物体也具有与其运动相关的能量，叫作动能。在数学上，动能方程与动量方程相似，如下所示：$K_E = \dfrac{1}{2}mv^2$，这里，速度是更重要的因素，因为动能随着速度的二次方变化。如果两个流星体的速度相同，但其中一个的质量是另一个的两倍，那么较大的将具有另一颗两倍的动能。如果两个流星体具有相同的质量但速度相差两倍，则速度较大的流星体将具有另一颗四倍的动能。在这个例子中，质量被设为常量，这是不现实的，因为通过地球大气层的流星体由于熔融可能损失其质量的 90%。因此，质量必须被视为一个变量。

二、光、声、热

动能可以转化为其他形式的能量，例如转化为热能和光能，形成火球。固体流星体

---

① 这种情况似乎不太可能！——译者注

在降至 100 千米的高度之前通常不会发光。从那以后，空气动力成为重要的限制因素，对流星体的运动产生了很大的阻力。流星体开始将其一部分动能转化为热，其外表面也开始熔化。与此同时，当温度升高到 1500 ℃时，流星体开始发出微弱的光。火球发出的光是由两种不同机制共同作用产生的。首先，随着温度迅速达到熔点，流星体变得白热。这一过程就会发光，但光线仍不足以在地面上被看到。随着流星体继续加热，流星体周围的空气开始与其同时加热，火球周围大气中的原子开始电离（失去电子）。几乎就是同时，大气原子又重新夺回了它们的电子并释放光线，让流星体周围的光线变得白热。这个过程会产生一个直径为数百米的巨大发光球形气团，这就是我们从地面看到的火球。

火球所发出的声音是另一回事。当火球开始快速穿越天空时，一切都让人感到恐惧。树木和高大的建筑物投射出长长的阴影，像是在与火球赛跑。时间一秒一秒地过去，却没有任何声音。忽然，毫无征兆地，火球爆炸，散射出无数碎片沿着之前的路线继续运动。所有这些都发生在绝对的沉默中。时间一分一秒地过去，火球消失。仍然沉默。然后，当你已经放弃等待的时候，一系列巨大的爆炸声打破了沉默。火球爆炸产生的冲击波终于到来了，它通过一系列震动声波宣布它的存在。这些声音是由高空飞行的火球在与大气相互作用中产生的压力波引起的。火球的光和数十个陨石碎片的冲击波产生的声音不会同时到达。在短距离（100 千米）内，光几乎是瞬间传播，而以大约 330 米/秒的速度传播的声音则远远落后。根据火球与观察者之间的距离，火球划过后声音可能会有 30 秒到几分钟的延迟。

在过去的一二十年里，有很多石陨石越过屋顶落在城市的街道上，它们在着陆后立即被收集。从来没有报道说过陨石因为太热而无法处理。它确实很温暖，但却不火热。原因很简单：在平均海拔约为 15000 米时，降落的陨石的速度已经减小到很小。之后它只受重力的作用，会以每小时几百千米的速度下降，这个速度太慢了，不能让大气压缩并产生热量。只有表层几毫米的成分被熔化，并且被迅速熔蚀掉。没有足够的热量传导到陨石的内部。在 15000 米高度的温度约为 - 45 ℃，这种低温有助于快速冷却降落的陨石。在撞击地面之前的很长时间，陨石的表面温度就已经变得温暖甚至寒冷。陨石上甚至会出现一层薄薄的冰。实际上，有些陨石在着陆后几分钟内就已经被找到了，这些陨石搁在雪堆的顶部，雪却没有融化。

铁陨石则完全是另一回事。铁是一种更好的导热体，偶尔我们会看到在铁陨石切片的边缘有一个厚达几毫米的加热区，这是经历了高温的证据。但是，短暂的飞行时间使它最终只能加热到这个温度。当铁陨石到达地表时，它们只会变得有些烫，但不会变得炽热。

三、烧蚀

到目前为止，最具破坏性的过程发生在陨石进入大气变得白热期间。但烧蚀过程是一把双刃剑。熔化过程会吸收热量，这是必然的机制，它使得陨石有机会在降落中幸存。换句话说，要想保存自身，必须熔化自身。流星体受到的阻力随着它在大气中的下坠而迅速增加，其前端加热至白热，开始熔化并迅速失去质量。这些失去的物质迅速气化带走热量，通过带走热量从而阻止热量流向内部，使得整体冷却下来。熔化的物质流入火球后面的空气流中，形成一条狭长的尘埃尾巴。这些尘埃是由微小的液滴组成的，很快就会凝固。

具有较高初始入射速度的流星体要比慢速的流星体承受更大的空气阻力，因此熔融也就更强烈。图 3.1 比较了入射角为 45°、初始速度分别为 19 千米/秒和 39 千米/秒的 1 吨铁陨石的海拔高度与到达地球表面时保留的初始质量的百分比关系。值得注意的是，较高速度的物体会遭受更大的质量损失，导致最终仅保留其初始质量的约 55%。相比之下，较慢运动的物体保有其初始质量的 86%。

Sikhote-Alin 陨石是一个大型铁陨石降落的经典案例。1947 年 2 月 12 日上午，西伯利亚东部 Sikhote-Alin 山上出现了一个拖着一串蒸发和冷凝物质的巨大的火球，估计其总质量为 200 吨。这是迄今为止目击的最大陨石的降落过程。来自东西伯利亚滨海边疆区伊曼村的俄罗斯艺术家梅德韦杰夫（P. I. Medvedev）刚刚在 Sikhote-Alin 山脉的东面设置了一个画架。上午 10 点 38 分，火球就出现了，从北向南向着山脉飞行。作为这个壮观事件的目击者，梅德韦杰夫立即勾画出火球和长尾（图 3.2）。数以千计的铁陨石碎片撞向地面，造成超过 100 个撞击坑和穿透孔，最大的一个有 26 米宽、6 米深。估计到达地面的剩余质量约有 70 吨。经过 50 多年的搜索，撞击现场发现了超过 25 吨的陨石。如今，Sikhote-Alin 陨石在世界各地的公共和私人收藏中都颇具价值（图 3.3）。

图 3.1　1 吨铁陨石的入射速度决定了其到达地球表面的质量。

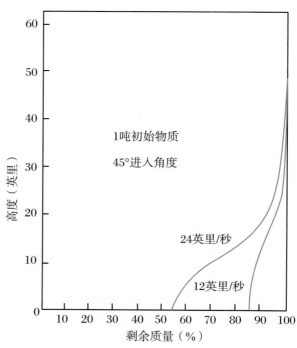

图 3.2　Sikhote-Alin 降落十周年,苏联发行了这张纪念邮票,其上的图案正是当时目击的画家描绘的。

图 3.3　一颗典型的 Sikhote-Alin 陨石,具有由熔融产生的特征气印。该陨石长为 11 厘米。

第二节　角砾化陨石及多次降落　　　　　　　→

　　几乎所有的陨石都表现出中高级的冲击和角砾化迹象（将岩石破碎成更小的碎片），特别是石陨石在太空中经常会破碎成许多碎片。这通常是太阳系早期历史中小行星母体与其他小行星之间的碰撞造成的。在某些情况下，冲击压力会超过90000兆帕，导致内部物质熔融形成冲击熔融角砾岩。这种压力大到足以使新生成撞击坑周围的岩石熔化。冲击的一瞬间，在撞击坑下1千米左右的位置形成了一个熔融透镜体。透镜体中的岩石部分熔融，丧失了原本的结构构造。然而，这种熔融通常是不完全的，其结果是熔化的岩石和未熔化的碎块（碎屑）会胶结起来。球粒陨石中最常见的就是这种冲击熔融角砾岩。图3.4所展示的就是一个典型的冲击熔融角砾岩。从图中可以看到，球粒陨石的矿物被无结构的基质所包围。

图3.4　冲击熔融角砾岩样品照片（由The Earth's Memory，meteorite.fr 的 Bruno Fectay 和 Carine Bidaut 提供）。

　　有时撞击会让整体全部破碎，但神奇的是碎片并不会四处飞溅。相反，这些碎片在太空中聚集到了一起。当然，在这种弱固结的情况下，它们在进入地球大气层时经常会破碎。1992年10月9日，发生在美国纽约Peekskill地区的石陨石破碎就是一个典型例子。那是美国东海岸高中的足球赛季，比赛正在如火如荼地进行。8点之前的几分钟，一个光芒四射的火球横跨天空。它只用了几秒的时间就沿着东北方向飞过了肯塔基州东部，然后又从北卡罗来纳州、马里兰州和新泽西州陆续飞过，沿途产生一系列延迟音爆。在它飞行的途中，流星体开始碎裂，分成了十几块碎片，每块碎片又形成了自己的火球和飞行路径（图3.5）。收集到的Peekskill陨石的主体质量为12.6千克，并在降落后立即被找到。它落在一辆停放的汽车后端，几乎连油箱都没有砸漏。16岁的米歇尔·克纳普（Michelle Knapp，车主）听到屋外有巨大的撞击声。经查看发现，一块陨石正在汽车后备箱下方的浅坑中。研究者们将这块陨石切片观察，发现它是一块角砾岩化的球粒陨石，内部熔脉纵横交错。这块陨石本身是由许多角砾状的碎片像拼图一样拼到一起的。黑色的由玻璃质和重结晶矿物组成的熔脉将这些碎片胶结在一起。这种常见的结构被称为单矿碎屑角砾岩(图 3.6(a)～(c))。

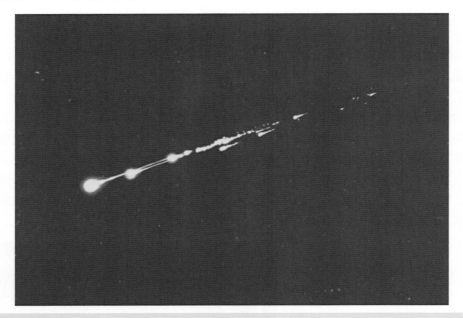

图 3.5　1992 年 10 月 9 日，美国纽约 Peekskill，在流星体破碎后不久出现的火球(由 Altoona Mirror 提供)。

　　一些陨石角砾岩是由两块或更多的岩屑组成的，它们被称为复矿碎屑角砾岩。比如顽辉石无球粒陨石 Cumberland Falls(图 3.7)。浅色碎屑是富镁的顽辉石，它也是冲击之前的原始母体的组分。暗色碎屑由顽辉石球粒陨石和 H 型普通球粒陨石(陨石分类将在第四章中详细讨论)的碎屑组成。这两种冲击碎屑混合到一起形成一块岩石。有时会有成分相同但岩相学不同的角砾岩(3,4,5,6 型普通球粒陨石)，它们被称为同源角砾岩。

　　还有一种角砾岩不得不提，那就是表土角砾岩。这种角砾岩是由一层岩屑组成的，这层岩屑来自于月球之类的地外天体表面遭受的撞击。几乎整个月球表面都覆盖着一层由几微毫米到几十米厚的破碎岩石组成的松散土层。月球的浅层表面在形成以后就不断地受到微小颗粒的反复冲击，这些颗粒在坚固的基岩上形成了松散的碎片和灰尘层，就像阿波罗宇航员三十多年前发现的那样。这一层被称为月壤角砾岩。这些未固结的风化层也可以在小行星表面找到，有些样品最终会到达地球。

　　图 3.8 显示了美国得克萨斯州 Dimmitt 的 H 3.7 型普通球粒陨石。切片显示其具有浅色碎屑和暗色基质的明暗结构，这是表土角砾岩的典型结构。与其他球粒陨石相比，其最大特征就是这种明暗结构。暗色基质说明其接近小行星表面，不断接收到最大量的太阳辐射，从而使晶体变暗。约 10% 的普通球粒陨石被归类为表土角砾岩。

　　另一个表土角砾岩的例子是来自俄罗斯车里雅宾斯克省的 L6 型普通球粒陨石 Kunashak(图 3.9)。小切块显示了其经历了一系列的破碎作用。Kunashak 的小行星母

(a)

(b)

(c)

图 3.6 （a）Peekskill H6 型普通球粒陨石的内部，可以看到整体破碎，是一块单矿碎屑角砾岩；（b）1.8 毫米厚的熔壳的细节；（c）汽车和陨石，注意陨石染了汽车的红色油漆。（摄影：Iris Langheinrich，R. A. Langheinrich Meteorites，www.nyrockman.com。）

图3.7 在美国坎伯兰郡降落的一块角砾岩化的顽辉石无球粒陨石（Cumberland Falls）的切片，切片质量为26.6克。（摄影：Iris Langheinrich，R. A. Langheinrich Meteorites，www.nyrockman.com。）

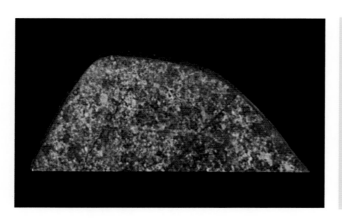

图3.8 1942年在美国得克萨斯州Dimmitt发现的H 3.7型普通球粒陨石。它有一个典型的明暗相间的表土角砾岩结构。该样品直线边长为10厘米。

图3.9 Kunashak陨石切片，暗色L6型表土角砾岩。这块样品长为13厘米。

体在小行星带中多次被其他小行星高速撞击而破碎。这些碎屑被深色的冲击熔融玻璃基质脉体胶结。Kunashak 并没有表现出表土角砾岩通常的明暗结构，因为它的整体在冲击加热过程中变暗了。

第三节　陨石散落带 →

当一个大的流星体进入地球大气层时，由于大气压力的突然变化，它会很快破碎，尤其是以前已经存在裂隙的那些流星体。如果多个流星体一起降落，我们将之称为多重降落。绝大多数石质陨石降落是多重的。一旦主体碎裂，碎片在飞行过程中会大致沿相同的方向一起行进。这个降落过程不是随机的，而是由它们的剩余动能决定的。更大的个体由于其较大的动量会飞得更远。就平均而言，陨石的降落角度与垂直方向大致呈 30° 夹角，而小质量陨石的降落角度与垂直方向呈 20° 夹角。当它们最终到达地面时，陨石会分布在散落带中，通常是一个椭圆形区域，有时也叫做散落椭圆。椭圆的长轴与陨石块体的运动方向一致（图 3.10）。

图 3.10　一个标准的陨石雨散落带示意图。当一颗流星体沿着一条倾斜的轨迹进入高层大气层时，巨大的阻力通常会使它破裂成数十个、数百个甚至数千个碎片。较小的部分比较大的部分减速更快。它们撞到地面时会分布在一个细长的椭圆内，其中较小的部分位于近端，较大的部分位于远端。侧风可以严重改变这种分布模式。

　　L6 型表土角砾岩 Kunashak 的散落带是一个典型的例子(图 3.11)。在俄罗斯 Kunashak地区,1949 年 6 月 11 日上午 8 时 14 分,这个火球在海拔约 35 千米的高空爆炸,散落在一个 150 平方千米的区域,一些树木和屋顶被降落的陨石损坏。最初,人们收集了约 20 块总质量超过 200 千克的陨石。最大的有 120 千克,还有两个分别为 40 千克和 36 千克。从图中可以看到陨石质量的分布。陨石的相对大小由圆点的大小表示,可以看到南部较大,而北部较小。散落带的椭圆由红色虚线标出。蓝色的是湖泊,肯定有不少陨石降落到湖泊中。Kunashak 是降落型陨石,并且人们立刻进行了陨石的收集工作,因此确定一个散落带并不困难。然而,当陨石在地面上已经存在了一千年以上时,想找到散落带就不容易了。当你不知道在哪里寻找陨石时,就需要花费大量的时间和精力去寻找陨石并绘制一个散落带。要找到一个旧的散落带,并确定足够多的陨石位置来定位椭圆是一项艰巨的任务,但并非完全不可能。

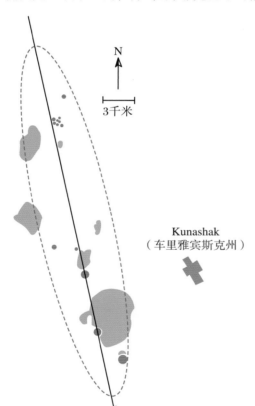

图 3.11　俄罗斯 Kunashak 陨石散落带示意图。这是一个经典的散落带,Kunashak 陨石沿着椭圆的南北方向主轴分布,与其运动方向一致。红色圆点的大小代表陨石质量的大小,蓝色区域是湖泊。

　　2002 年 10 月 31 日,约翰·乌尔夫(John P. Wolfe)在亚利桑那州莫哈韦的干河床中淘金时发现了一颗 H5 型普通球粒陨石弗兰科尼亚(Franconia),其质量约为 4.75 千克。之后的几年,人们收集了超过 100 个这样的球粒陨石,大部分的样品都很大。这些样品足以构建一个合理的散落带(图 3.12)。陨石猎人在过去几年中一直在搜寻弗兰科尼亚地区,至少发现了四处重叠的散落带,其中两个是布克山(Buck Mountain Wash)陨石(H3~H5)和帕洛维德矿(Palo Verde Mine)陨石(L6)。布克山陨石与弗兰科尼亚相似,但分类不同。

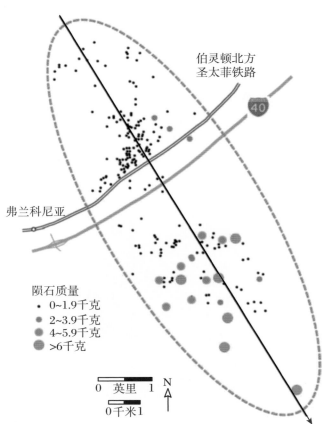

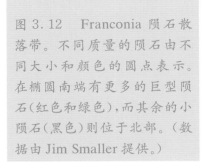

图 3.12 Franconia 陨石散落带。不同质量的陨石由不同大小和颜色的圆点表示。在椭圆南端有更多的巨型陨石(红色和绿色),而其余的小陨石(黑色)则位于北部。(数据由 Jim Smaller 提供。)

图中文字:
伯灵顿北方圣太菲铁路
弗兰科尼亚
陨石质量
· 0~1.9千克
2~3.9千克
4~5.9千克
>6千克
0 英里 1
0千米 1
N

第四节　陨石的表面特征 →

一、初始熔壳

我们已经知道了流星体在降落时的物理特征,现在我们来看看新降落的陨石又有哪些特征。所有成功通过大气层的陨石都具有在任何陆地岩石中看不到的特征——熔壳。这些陨石经历的温度超过 1800 ℃,高温使其外部形态发生了特殊变化。熔壳是野外工作者判断新发现陨石的最显著的依据。一块在穿越大气层期间没有碎裂的新鲜石质陨石(这很罕见)通常会完全被黑褐色到黑色熔壳覆盖(图 3.13)。(具有完整熔壳的陨石在收藏家看来价值连城,其价格取决于剩余熔壳的比例。)熔壳的平均厚度通常小于 1 毫米。由于在进入大气层期间经历了巨大的压力,陨石通常会爆裂成几十个较小的碎片。在温度最高的火球阶段,流星体的外部开始熔化,其表面不断脱落熔化的物质。要是这种脱落继续下去,熔壳就不能形成。当熔融减缓并且表面温度已经降低时,熔壳才会在火球阶段的最后几秒形成。球粒陨石由橄榄石和斜方辉石晶体以及金属铁组成。在熔化温度下,上述矿物质不能再重结晶,而是在陨石熔化的 1 毫米厚的熔体内自由漂浮,形成具有原始矿物组分的无结构的浅棕色玻璃①。另外,铁元素氧化并形成磁铁矿。磁铁矿与上述矿物质玻璃混合形成深褐色到黑色的熔壳。有些陨石比较特殊,比如,顽辉石无球粒陨石是一种单矿物陨石,这意味着它们仅由一种不含铁的主要矿物组成,结果它们的熔壳是奶油色或米色的。顽辉石无球粒陨石是最稀有的无球粒陨石之一,目前只有 9 块降落型和 44 块发现型,共 53 块。不用说,顽辉石无球粒陨石是在野外最难找到并确定的陨石(图 3.14)。

图 3.13 2006 年 10 月 16 日落在毛里塔尼亚的 Bassikounou 陨石的新鲜熔壳,气印发育,断口显示了其浅色的内部物质。质量为 3300 克,旁边的立方体为 1 厘米³。(由 Peter Marmet 提供,www.marmet-meteorites.com)。

图 3.14 来自堪萨斯州诺顿的一块降落型顽辉石无球粒陨石,拍摄时仍掩埋在泥土中,现在收藏在新墨西哥大学。浅棕色的熔壳很少见。(由 Al Mitterling 提供。)

---

① 通常有微小的橄榄石晶体形成。——译者注

另一种特殊的熔壳见于钙长辉长无球粒陨石。这种陨石具有类似于地球上玄武岩的化学特性。钙长辉长无球粒陨石表现出富钙的特征,它们的钙来自钙长石和它的玻璃质形态——熔长石。当含钙丰富的矿物与磁铁矿混合产生熔壳时,熔壳具有典型的钙长辉长无球粒陨石的黑色光泽(图3.15)。

图3.15 来自澳州西澳大利亚州的 Camel Donga 钙长辉长无球粒陨石,最明显的特征是闪亮的黑色熔壳。标本质量为462克,尺寸为111毫米×75毫米×50毫米。(由 Jim Strope 提供,www.catchafallingstar.com。)

在许多石质陨石的熔壳上还能看到一个特征,那就是收缩裂隙。这些裂隙看起来有点类似于陨石角砾岩中的那些裂缝。区别在于收缩裂隙通常要细得多,是由石陨石熔壳的快速冷却产生的。裂隙一般不是很深,很少像熔壳厚度一样深(图3.16)。收缩裂隙是陨石内部的重要入口,化学和机械风化在陨石降落后不久就开始了。稍后我们将更加仔细地研究陨石是如何在地球环境中被风化的。

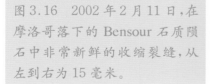

图3.16 2002年2月11日,在摩洛哥落下的 Bensour 石质陨石中非常新鲜的收缩裂缝,从左到右为15毫米。

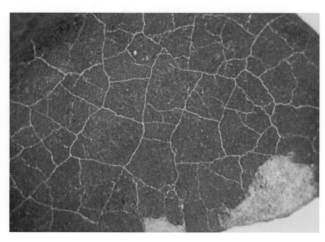

铁陨石也会形成熔壳,但它们比石质熔壳薄得多,厚度仅为几分之一毫米。新鲜的熔壳呈现蓝黑色,看起来像新鲜焊接的钢。硅酸盐矿物不参与铁陨石中熔壳的形成,熔壳几乎全部由氧化铁组成。在所有的熔壳中,铁陨石的熔壳是最脆弱的。它们更容易受到化学风化(生锈)的影响,这一层薄薄的皮壳很容易被摧毁。

在铁陨石表面还能看到的一个现象是热变形。例如,图3.17中的 Sikhote-Alin 陨石表现出其表面几毫米遭受了加热，从而产生了粒状结构，取代了原来的八面体结构。通过酸洗可以看到其内部平行的纽曼线已经扭曲。图3.18展示了一块来自澳大利亚北部地区的Henbury铁陨石重新加热的标本。

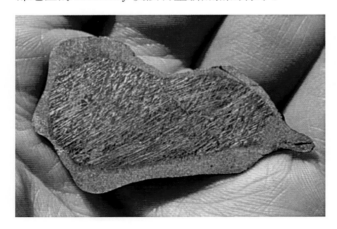

图3.17　19.5克的Sikhote-Alin铁陨石的表面表现出受加热的影响，其八面体结构已完全重结晶，注意组曼线。（由Martin Altmann提供，www.chladnis-heirs.com）。

图3.18　著名的Henbury铁陨石，重结晶的边缘宽度为1～11毫米，标本内部可见维斯台登纹。（由Mirko Graul提供。）

二、次生熔壳

在陨石中次生熔壳并不罕见(图3.19)。通常烧蚀过程会在陨石的整个表面上形成几乎完整的光滑涂层，并随着在大气中的运动不断更新。次生熔壳的存在说明这些陨石在飞行中已经破裂，在这个过程中失去了一部分熔壳。新鲜破碎面将立即开始生成一个新的更薄的次生熔壳。这种熔壳总是比初始熔壳薄得多，因为它在后期形成并且通常不会完全覆盖整体。由于破裂面熔融得较少，次生熔壳并不像初始熔壳那样光滑。

图 3.19　L6 型普通球粒陨石 Campos Sales 的次生熔壳,陨石于 1991 年 1 月 31 日晚 10 点在巴西塞阿拉陨落,质量为 1494 克。(摄影:Geoffrey Notin/Aerolite. org, © Michael Farmer 收藏/ www.meteoritehunter.com。)

三、陨石的棱角度

陨石的形状是独特的,它们是烧蚀和破碎的产物。人们会认为其最终的形状是不规则的,因为它们通常会在高空中爆炸并向各个方向溅射碎片。它们在太空中的原始形状永远不得而知。然而,许多陨石都具有近 90°的表面夹角。如果陨石在高层大气中改变其形状,那么其笔直的边缘将变得圆滑。来自布基纳法索(Burkina Faso)的 Gao-Guenie H5 型普通球粒陨石两次降落就是一个较好的例子。1960 年,正好相隔 1 个月发生了两次陨石雨降落,两次陨石雨降落的陨石的化学组成和结构相同(图 3.20)。

图 3.20　这块 Gao-Guenie 陨石碎片是沿着 90°断裂面破裂时形成的,尺寸为 7 厘米×5 厘米×4 厘米。

四、气印、流动特征与定向陨石

在陨石短暂通过大气层时会产生另一种熔融产物，那就是气印，它又被叫做"拇指印"，因为它约有人的大拇指般大小。石陨石中的气印要比铁陨石的浅，并且比较模糊。图 3.21 显示了 Mbale L6 型普通球粒陨石表面的气印。如果将它与图 3.22 中的 Sikhote-Alin 铁陨石相比较，会发现铁陨石的气印更深、更清晰。如果铁陨石在空中爆炸，那么这些陨石碎片可能会非常扭曲，与炸弹碎片相似，因此被称为弹片。一些标本可能是两者的组合（图 3.23）。1 千克 Henbury 铁陨石具有风化后锐化边缘的气印，是这类陨石的典型特征（图 3.24）。

图 3.21 石质陨石的气印。1992 年降落在乌干达的 Mbale（姆巴莱）L6 型普通球粒陨石。

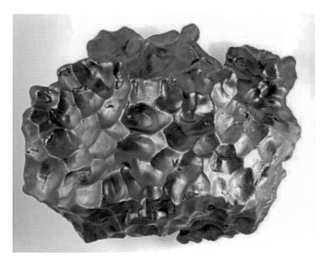

图 3.22 Sikhote-Alin 陨石上的气印。这个美丽的标本质量为 9.4 千克。（由 Jim Strope 提供，www.catchafallingstar.com。）

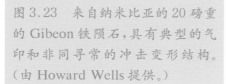

图3.23　来自纳米比亚的20磅重的 Gibeon 铁陨石,具有典型的气印和非同寻常的冲击变形结构。(由 Howard Wells 提供。)

图3.24　来自澳大利亚北部地区的质量为1千克的亨伯里(Henbury)铁陨石,具有非常明显的气印。这种颜色是亨伯里铁陨石的典型特征,来自陨石坠入的红土。(由 Svend Buhl 博士提供,www.meteorite-recon.com。)

　　陨石短暂通过大气层时会放出强光并迅速失去质量,这会让陨石表面显示出独特的流动特征。通常从陨石的前缘可以看到细纹,这反映了陨石的飞行方向。如图3.25所示,这颗陨石的流动特征与梳齿相似。这是陨石熔融的证据,也是其冷却的记录。

　　为了揭示这些微妙的特征,陨石的熔壳必须经过仔细清洁并且没有任何化学风化。在图3.26的 Millbillillie 陨石中,一束特殊的聚焦光沿着样品边缘打了下来,凸显了细小的"溪流"状的结构与同样微妙的阴影。这些流动结构非常精妙,图3.27的 Lafayette 陨石的辐射状流动构造却与众不同。铁陨石也具有流动构造,图3.28显示了 Sikhote-Alin 陨石的难以置信的精细流动结构。

图 3.25　Dhofar 182 上的流动结构,2000 年在阿曼发现的一颗钙长辉长无球粒陨石。这颗陨石在飞行中定向,形成了径向流线。快速冷却保存了熔壳。(由 Jörn Koblitz 提供,www. metbase. de。)

图 3.26　在特殊照明下看到的 Millbillillie 钙长辉长无球粒陨石外壳上的微妙流动特征,标本尺寸为 2.5 厘米。

图 3.27　Lafayette 透辉橄无球粒陨石的美丽径向流动结构,这是颗来自火星的陨石。(由史密森学会自然历史博物馆的 Al Mitterling 提供。)

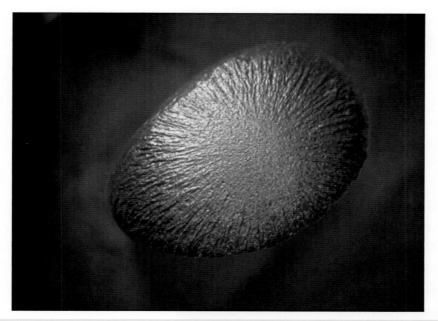

图 3.28 细小的 Sikhote-Alin 上的流动结构（图片宽度为 14 毫米）。陨石长为 21 毫米，质量为 8 克。（Magic Mountain Gems and Meteorites 的 Tom Smith 提供。）

当流星在大气层中定向飞行时，它可以形成最引人注目的结构。绝大多数的陨石会不受控制地旋转，使表面变得平滑，形成大致球形。但是如果一个陨石受到很大的阻力，它就会稳定下来不再翻滚。在这种情况下，它会沿着运动方向继续旋转，从而形成锥形或盾形。图 3.29 显示了定向陨石的演变。

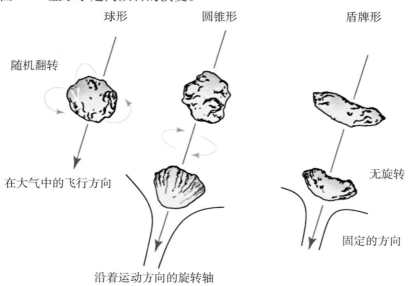

图 3.29 锥型和盾形定向陨石形成示意图。

1886 年，美国阿肯色州卡宾河以东约 10 千米处，一颗质量为 48.5 千克的定向铁陨石被目击降落并被收集。O. C. Farrington 如是写道：

> 1886 年 3 月 27 日下午 3 点，位于阿肯色州卡宾河的陨石是少有的铁陨石之一，也是有史以来最大的铁陨石之一。位于 75 码①外的房子里的一位女士听到了一声巨大的声响，这个声响导致"橱柜里的碟子发出咯咯的声音，比雷声还大"。女士跑出房子时，看见树枝从 107 英尺高的松树上落下。3 个小时后，在树木附近发现了一个洞，铁陨石埋入其中，洞的深度达 3 英尺。地面很温暖，铁陨石为可以触碰的温度。它距离之前提到的听到巨响的位置有 75 英里，并发出了金属入水的嘶嘶声。没有报告发光现象。

这颗陨石是世界上最完美的盾形铁陨石之一，于 1931 年在美国普渡大学（Purdue University）的岩石和矿物收集中被发现。其平坦的那一面显然经历了最大阻力，阻止其旋转并稳定其方向，它被向样品后部延伸的气印完全覆盖着。这颗宏伟的陨石现居奥地利维也纳自然历史博物馆（图 3.30）。还有一块同样完美的铁陨石，如图 3.31 所示，是一块来自智利的质量为 3 千克的铁陨石，同样显示出盾形和美妙的流线。

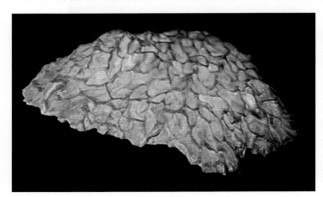

图 3.30　来自美国阿肯色州的盾形铁陨石 Cabin Creek。（奥地利维也纳自然历史博物馆。）

1902 年，在美国俄勒冈州 Willamette 镇（现 West Linn）附近的一片松树林中发现了迄今为止美国最大的陨石，同时也是最大的锥形定向铁陨石。艾利斯·休斯（Ellis Hughes）发现了这个 14 吨的大家伙正静悄悄地待在稍微凹陷且松软的森林土壤中。他立即认出它是一个铃铛型铁陨石。今天的大多数科学家都认为这个非凡的铁陨石最初是在上个冰河时期降落在加拿大的。它由不断前行的冰川携带着向南推进，然后在大约 15000 年前的一次巨大洪水中，由冰川运输，来到了它在俄勒冈州 Willamette 山谷的最终安息之地。这块陨石的尺寸为 1.38 米×3.13 米（图 3.32）。标本上覆盖着孔洞和气印，其中一些完全穿透陨石。休斯的夫人很快预见了这个庞然大物的商业潜力。毕竟，这是美国有史以来发现的最大的陨石。不幸的是，对于艾利斯·休斯而言，这块陨石的发现地并不属于他，而是属于 3/4 英里外的俄勒冈钢铁公司。实际上，休斯居然把这个巨大的陨石移动了 3/4 英里到他自己的土地上，这几乎是一项不可能完成的任务。他们

①　1 码≈0.9144 米。——译者注

建造了一个棚子来容纳陨石,并收取每个人 25 美分作为参观这个巨大的铁陨石的参观费用。直到一位俄勒冈钢铁公司的律师参观展览会,并注意到因为移动陨石而变得粗糙的路面时,事情才败露。

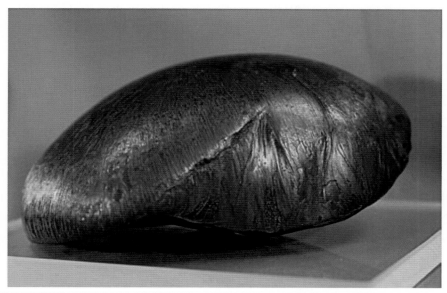

图 3.31　来自智利的质量为 3 千克的精美铁陨石,它是一颗六面体型铁陨石。(由 Midwest Meteorites 的 Tim Heitz 提供。)

图 3.32　俄勒冈州的 Willamette 陨石。世界第九大铁陨石,如今收藏于纽约市的美国自然历史博物馆。这张照片是 1904 年在俄勒冈州拍摄的。

律师想花 50 美元买下陨石，但休斯拒绝了。因此开始了美国最大的陨石官司。不用说，休斯败诉了。在休斯和俄勒冈钢铁公司之间的官司进行的同时，纽约的威廉·E·道奇夫人（Mrs. William E. Dodge）悄悄向该公司提供了 26000 美元来购买该陨石，结束了这场官司。今天，Willamette 陨石被安置在纽约市的美国自然历史博物馆。这颗陨石的官司有助于确立陨石所有权的合法性。在美国，陨石属于发现陨石时陨石所在土地的土地所有者。稍后我们会进一步研究所有权问题，这些问题在不同国家有很大差异。

第五节 巨型陨石 →

艾利斯·休斯的发现可以说是许多陨石猎人梦寐以求的。他发现了一个巨大的 14 吨重的陨石。但这个陨石仍然不是最大的陨石，世界上最大的铁陨石是位于纳米比亚赫鲁特方丹市（Grootfontein）的霍巴（Hoba）铁陨石。它的质量估计为 60 吨，今天仍然保存在 1920 年由土地所有者发现的位置（图 3.33）。

它现在已经是一个国家纪念碑，周围修建了很好的环形台阶供游客上下，但不幸的是，这个庞然大物最近遭到了严重的破坏。奇怪的是，这个巨大的陨石是一种富镍无结构铁陨石，是最稀有的铁陨石之一。

铁陨石最大能有多大？现如今地球上最大的是霍巴铁陨石，60 吨的它也许是铁陨石的极限了。任何更大的物体基本上都会在大气中碎裂。数百吨的流星体在运动中肯定会碎裂并形成撞击坑。据估计，Sikhote-Alin 铁陨石的最初质量是 200 吨，而实际到达地面的总质量是 22.5 吨。这说明 89% 的质量损失掉了。

石陨石最大能有多大？有记录的最大石质陨石是 1976 年 3 月 8 日在中国降落的吉林陨石。据估计原始质量为 15 吨。它在海拔约 30 千米的地方分崩离析，在吉林省北部降落。11 块样品中最大的是 1.77 吨。

还有找到巨大陨石的可能吗？答案是肯定的，一块新的坎普（Campo）铁陨石（表 3.1"最大的铁陨石"中的第 8 号）由威廉·卡西迪（William Cassidy）于 2005 年发现。世界第二大铁陨石也是在坎普发现的（图 3.34）。它今天仍然在它被发现的地点附近。阿根廷格兰查科 Gualamba 的 Campo del Cielo 散落带至少有 20 个陨石坑，无数陨石等待被发现。该地区陨石的第一个历史记录可追溯至 1576 年，当时西班牙总督从土著那里得知，一些铁块从天而降，它们被发现的地区叫做 Campo del Cielo——天空之域或天堂之地。发现的第一个大型陨石叫大铁桌（Meson de Fierro）。它太大了以至于不能运输，而现在已经失踪。但是，这里有许多陨石被发现，无论大小，Campo 铁陨石是如今市场上最丰富且最具吸引力的。虽然它们已经在地球上 4000 年了，有些很容易生锈，但有些却很稳定。最初的铁质小行星母体含有硅酸盐包体，这在一些标本中可以看到。无论大小如何，Campo 铁陨石应该是陨石收藏界较受欢迎的一类。

(a)

(b)

图 3.33　60 吨的霍巴铁陨石是当今世界上最大的陨石。如今，它正在纳米比亚的一个农场中。（a）陨石曾经的样子；（b）陨石如今的样子，被环形台阶包围。（由内华达州大学沙漠研究所 David Mouat 博士提供。）

表 3.1　世界上最大的铁陨石排名表

序号	陨石	国际命名	发现的时间和地点	质量(吨)	结构类型	化学类型
1	霍巴	Hoba	1920,纳米比亚	60	富镍无结构铁陨石	ⅣB
2	坎普	Campo del Cielo	1969,阿根廷查科	37	粗粒八面体	ⅠAB-MG
3	约克角	Cape York (Ahnighito)	1894,格陵兰西部	31	中粒八面体	ⅢAB
4	新疆铁陨石	Armanry	1898,中国新疆	28	中粒八面体	ⅢE
5	巴库维里托	Bacubirito	1863,墨西哥锡那罗亚州	22	中粒八面体	IRUNGR
6	约克角	Cape York (Agpalilik)	1963,格陵兰西部	20	中粒八面体	ⅢAB
7	摩西	Mbosi	1930,坦桑尼亚伦圭山	16	中粒八面体	IRUNGR
8	坎普	Campo del Cielo	2005,阿根廷查科	15	粗粒八面体	ⅠAB-MG
9	威拉米特	Willamette	1902,美国俄勒冈州	14	中粒八面体	ⅢAB
10	丘帕德罗斯	Chupaderos I	1852,墨西哥奇瓦瓦	14	中粒八面体	ⅢAB
11	蒙德拉比拉	Mundrabilla I	1966,澳大利亚西部	11.5	中粒八面体	ⅠAB-UNGR
12	莫里托	Morito	1600,墨西哥奇瓦瓦	11	中粒八面体	ⅢAB

图 3.34　蒂姆·海兹(Tim Heitz)坐在 37 吨重的 Campo 铁陨石上。它是世界第二大铁陨石,现在位于靠近 Campo del Cielo 散落带的原始位置。(由 Midwest Meteorites 的 Tim Heitz 提供。)

第六节　陨石的风化 →

一、物理风化

几十亿年以来,太空环境中的陨石抵御了大量风化作用。它们远离水和氧气等的破坏性影响。但地球对陨石来说是个完全陌生的环境。在正常的地表条件下,如果不采取措施保护陨石,它们在降落之后则不会很好地保留下来。有两种基本的风化类型:物理风化和化学风化,陨石同时受到两者的影响。当陨石在太空中遭受一次或多次碎裂时,物理风化实际上已经开始。当它们以每小时几百千米的速度飞行并撞向地表时,破碎进一步发生。物理风化继续通过风和水的作用、极端温度甚至植物和动物的活动来分解陨石。玻璃质熔壳在没有碎裂(罕见)的那一侧提供了一些保护,但是收缩裂隙的形成使水进入陨石的内部,在那里开始了破坏性更强的化学风化。如果陨石落在一个冷热交替的区域,冰楔会进一步扩大收缩裂隙。

二、化学风化

大多数陨石都是发现型而非降落型,因此可能已经有数千年的历史。主要的化学风化反应是氧化、水合作用和溶解。新的矿物将会形成。随着陨石中的铁被氧化成新的风化矿物,如针铁矿,黑色的熔壳会变成褐色。橄榄石和长石变成黏土矿物。铁陨石特别容易沿着铁纹石边界生锈(图 3.35(a)和(b),图 3.36)。

重度风化的石陨石通常具有较厚的风化壳替代原来的熔壳。例如,来自亚利桑那州黄金盆地(Gold Basin)的两颗陨石显示了外表面风化的作用(图 3.37(a)和(b))。图3.37(a)的陨石被发现在地下大约 18 厘米处,其熔壳完全被厚厚的风化壳所取代。图 3.37(b)的陨石上有一层薄薄的黑色熔壳位于地表以上的外表面部分。化学风化可以在几个世纪的时间内剥离掉熔壳。Gold Basin L4 型普通球粒陨石的熔壳将在大约 12000 年后消失。

大多数普通球粒陨石的内部通常含有均匀分布的铁镍金属颗粒。这些颗粒在内部迅速氧化形成褐色斑块,这是一种无定形的水合氧化铁(铁锈),会污染原生橄榄石和辉石矿物(图 3.38)。

人们采取多种方法来防止陨石中的化学风化,特别是对于铁陨石。例如,使用稀硝酸作为蚀刻剂蚀刻铁陨石切面以产生维斯台登纹后,将样品中和,用水洗涤,烘干并浸泡在 99% 酒精中以将其干燥。然后通过涂覆丙烯酸涂层来保护它免受外部空气的影响。然而,如果陨石含有氯,那么风化过程仍将继续。

1993 年,德国美因茨马克斯·普朗克研究所的陨石学家 F. Wlotzka 提出了普通球粒陨石的风化标准。他用抛光的陨石薄片详细说明了 6 个风化等级,并指定了从 W0 到 W6 的 7 个渐进的风化状态。我们将在第十一章的岩石显微镜下观察陨石风化的影响。

(a)

(b)

图 3.35　Campo del Cielo 铁陨石在边界出现的锈迹。(a) 清洁前；(b) 清洁后。标本长度为 6.5 厘米。

图 3.36　Toluca 铁陨石的显微照片，氧化铁和盐酸反应产生气泡。这个过程可能会损伤陨石。视域宽为 9 毫米。

(a)

(b)

图 3.37　两个 Gold Basin L4 型普通球粒陨石的风化。(a) 完全被掩埋的 240 克陨石上的熔壳已经完全被厚厚的风化壳所取代;(b) 这块 53 克的陨石上,熔壳仍然存在,因为部分位于地面之上。

图 3.38　Bruderheim L6 型普通球粒陨石的显微照片。切面显示了基质中沿着铁镍金属颗粒形成的褐铁矿染色。

参考资料及相关网站　　　　　　　　　　　　　　→

书籍：

Bevan A，de Laeter J. Meteorites A Journey Through Space and Time［M］. Smithsonian Institution Press，2002.

Grady M. Catalogue of Meteorites［M］. 5th ed. Cambridge University Press，2000.

McSween H Jr. Meteorites and Their Parent Plants［M］. 2nd ed. Cambridge University Press，1999.

Norton O R. Rocks From Space［M］. 2nd ed. Mountain Press，1998.

Norton O R. Cambridge Encyclopedia of Meteorites［M］. Cambridge University Press，2002.

Reynolds M D. Falling Stars：A Guide to Meteors and Meteorites［M］. Stackpole Books，2001.

杂志：

Meteorite Magazine：www. meteoritemag. uark. edu/index. htm.

Meteorite Times online magazine：www. meteorite-times. com.

网站：

陨石及其收集

International Meteorite Collectors Association：www. imca. cc.

www. meteorites4sale. net.

www. meteorite. com.

www. meteoritecentral. com.

www. meteorites. com. au.

www. spacerocksinc. com.

铁陨石的保存

www. paleobond. com.

www. meteorites. com. au/odds&ends/ironrust. html.

http：//earthsci. org/fossils/space/craters/met/met. html.

www. alaska. net/～meteor/hobby. com.

第二部分 ▶▶▶
陨 石 家 族

　　科学家将陨石分为石陨石、铁陨石和石铁陨石。虽然这是一种古老的分类方法，但如今依然适用。这三种类型很容易区分：铁陨石比同体积的任何地球岩石都要重，而且很容易被磁铁吸引；石陨石乍一看非常像河床中的鹅卵石，并且组成矿物与地球上的火成岩基本类似；石铁陨石顾名思义就是石陨石与铁陨石的混合物。这三类陨石在特性判断上存在很多容易引起混淆的地方。例如，将磁铁放在石陨石上，我们发现它同样也会被吸引，尽管不如铁陨石引力大。因此我们必须更加细致地观察才行。切割陨石使其内部结构露出，我们可以看到微小的银色金属颗粒（图4.1），这种金属颗粒被称为单质铁，意味着这是化学价态最低的铁。对我们判断陨石的类型来说，这绝对是一个令人兴奋的依据。

图4.1　普通球粒陨石中的铁镍金属，这是一块直径约为10.4厘米的近圆形 Franconia H5 型普通球粒陨石。请注意，整个切片中均匀分布着金属铁颗粒。陨石体积的23%是金属。（由 Howard Wells 提供。）

单质铁几乎从未在地壳岩石中找到过。为什么？因为铁会生锈，也就是说，它会在氧气和水的作用下迅速氧化，而地球富含这两种物质。除了这些令人惊喜的金属之外，仔细观察还可以在陨石中看到地球岩石中没有的独特结构（从地质上来说，结构是指由其粒径、形状和内部形态表现出来的岩石的总体外观）。散布在陨石的整个基质中的是亚毫米至毫米级的球状包体，由非常硬的淡黄色结晶矿物组成。这些球体被称为球粒，含有这些包体的陨石叫做球粒陨石。组成球粒以及固定球粒的基质的矿物都相当常见，可见于地壳和地幔中。但从整体上看，球粒陨石与地球岩石差异很大。矿物成分和结构决定了岩石的起源，无论是地球的还是其他天体的。我们现在有这样的观点：与铁陨石以及石铁陨石不同，球粒陨石具有特殊的矿物组成及结构特征，这将有助于我们将陨石有序地分类。很快就会讲到这种分类，但首先我们需要学习一些矿物学的基础知识。

第一节　球粒陨石中的主要矿物

截至 2007 年，国际矿物学会新矿物和矿物命名委员会已经通过了超过 4000 种矿物命名申请。其中，约 280 种矿物已知存在于陨石中。这仅占地球环境中形成的矿物种类的约 7%。地球上以及其他类地行星上的地壳岩石都是由被称为造岩矿物的矿物聚集体组成的。令人惊讶的是，这些矿物主要由 8 种不同的化学元素组成，它们按丰度排列为：氧（O）、硅（Si）、铝（Al）、铁（Fe）、钙（Ca）、纳（Na）、钾（K）、镁（Mg）。附录 A 中列出了陨石中发现的 54 种最常见的矿物。在地球的地壳岩石和陨石中，由两种最丰富的元素结合形成的叫做硅氧四面体的分子结构构成了所有硅酸盐矿物的骨架（图 4.2）。硅氧四面体由位于四面体中心的硅原子和围绕的四个氧原子组成。四面体本身是一种离子，其化学式为 SiO_4^{4-}，右上角的"4 -"代表 4 个氧原子上的负电荷。当金属存在时，如铁和镁，金属原子被电子吸引到氧原子上，并充当四面体之间的桥梁。硅酸盐中金属原子的量和比例不同会产生各种三维晶格，包括橄榄石和辉石等矿物的晶格。

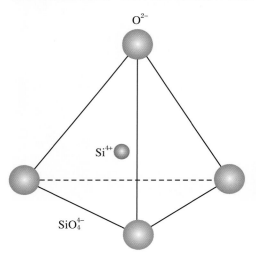

图 4.2　硅氧四面体，所有硅酸盐矿物都是由这些四面体构成的。四面体的氧可以彼此化学结合形成一串四面体，或者可以与金属如铁和镁结合。如果没有金属存在，所得到的矿物将是石英。

一、橄榄石

在陨石中发现的所有矿物中,有三种最为丰富和重要。首先是橄榄石。橄榄石是一种橄榄绿色至黄色的硅酸盐矿物,在玄武岩等地球镁铁质岩石中大量存在。它由不同数量的铁和镁与硅氧四面体结合而成,其化学式如下所示:$(Fe,Mg)_2SiO_4$。橄榄石实际上是一组具有相似结构和组成的矿物。Mg^{2+} 和 Fe^{2+} 具有大致相同的原子大小,使得它们可以在晶格中彼此取代。上角标"2+"表示原子缺少两个电子,因此带正电。由于带正电荷,它们可以很容易地与硅氧四面体结合。镁和铁的相对含量决定了橄榄石从岩浆中结晶出来的类型。这种离子取代范围被称为固溶体。有从富镁的镁橄榄石 Fo,(Mg_2SiO_4) 到富铁的铁橄榄石 Fa,(Fe_2SiO_4) 的连续固溶体系列。我们将会在本章后面看到,单质铁和化合态铁的相对含量决定了普通球粒陨石的化学分类,并将它们分为不同的群,它们可能形成于同一个小行星母体上。

二、辉石

这类硅酸盐矿物与橄榄石类似,因为它们都是固溶体。相比橄榄石,辉石除了含铁和镁之外,还含有不等量的钙元素。普通球粒陨石中主要含有低钙斜方辉石,即顽辉石 $(MgSiO_3)$ 系列。橄榄石和辉石之间最大的不同就是橄榄石比辉石的金属含量更高。由于辉石中的金属含量较少,硅氧四面体将不得不共享一些氧原子(如果没有金属存在,得到的矿物将是石英(SiO_2),其中 SiO_4^{4-} 离子共享四面体的 2~4 个氧原子。)

三、铁镍金属

也许在普通球粒陨石中发现的最独特的主要矿物是铁镍金属(FeNi),以下简称金属。我们在前面看到,当一块普通的球粒陨石被切割和抛光露出它的内部组成和结构时,在基质中立即就能看到这种明亮的星状金属粒。磁性好的磁铁会立即对这些金属成分做出反应。其实,金属不仅仅是铁,它是一种铁镍合金。铁在陨石中总是与镍形成合金,镍的含量可低至 5% 或高达 25%。在野外,"地表岩石"中含有铁镍金属几乎就可以被证明是一块石陨石。最多可以有 23% 含量的铁处于金属状态。剩余的铁以化合形式存在于铁的氧化物、硫化物、碳化物、磷化物或者在橄榄石和辉石中。

四、副矿物

(一) 陨硫铁

常见的石陨石通常含有少量的铁的硫化物,化学式为 FeS。在陨石学中,它通常被称为陨硫铁(troilite)。它是以18世纪意大利耶稣会神父和陨石调查员多梅尼科·特里利(Domenico Troili)的名字命名的。通常很容易用肉眼将陨硫铁与所有石陨石中存在的一定量的银色铁镍金属区分，因为陨硫铁通常为青铜色，两者通常为共生关系。陨硫铁与通常在陆地岩石中发现的磁黄铁矿非常相似，主要区别在于磁黄铁矿具有磁性，而陨硫铁不具有磁性。许多铁陨石都具有陨硫铁结核，常被石墨包围。

（二）铁的氧化物

陨石中最常见的铁氧化物是磁铁矿，它具有强磁性，是熔壳的主要组分，由石质陨石在进入地球大气层时燃烧形成。磁铁矿也在碳质球粒陨石的基质中被发现。

（三）斜长石

长石是地壳中常见的矿物。它可以在大多数石陨石和中铁陨石（一种石铁陨石）中少量存在，但在玄武质无球粒陨石中却大量存在。斜长石是不同比例的钠离子和钙离子形成的铝硅酸盐固溶体。

第二节　球粒陨石的元素丰度

球粒陨石被认为是所有陨石中最原始的。它们的非挥发性元素的组成非常接近太阳。按质量计算，太阳约含73.5%的氢和25%的氦。如果除去这些气体及氧、氮、碳和氖等其他挥发性组分，剩余的非挥发性元素只剩下1.5%左右。最原始的陨石，即CI碳质球粒陨石的元素组成通常与太阳光球的丰度类似。图4.3比较了太阳的元素丰度与CI碳质球粒陨石的元素丰度。实线是非挥发性元素的太阳丰度。请注意，最原始的球粒陨石非挥发性元素的元素丰度非常接近此线，表明原始的球粒陨石与太阳的元素组成是非常接近的。

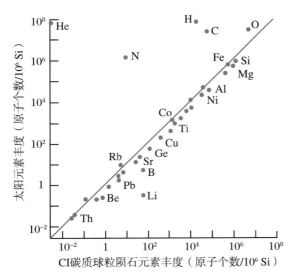

图4.3　9.太阳与最原始的球粒陨石的元素丰度对比。实线是非挥发性元素的太阳丰度。

第三节　普通球粒陨石的化学分类　　　　→

在所有观测到的落入地球的石质陨石中,绝大多数(85%)是普通球粒陨石。这个名字不代表球粒陨石是"普通的"。球粒陨石的名称来源于这些陨石内部发现的细小的、岩浆成因的球粒。所有的球粒陨石除 CI 碳质球粒陨石外,都含有球粒。它们大致呈球形,直径约为 0.1~4 毫米,有些能达到厘米级(图 4.4)。

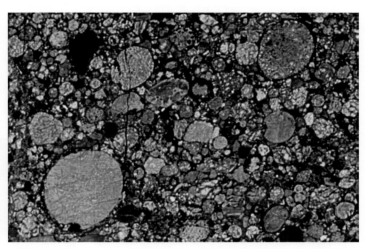

图 4.4　在单偏光显微镜下看到的 Marlow L5 型普通球粒陨石切片中的一些球粒,最大的直径约为 1 毫米。

球粒陨石可划分为类、群和族。球粒陨石的类包括普通球粒陨石(OC)、碳质球粒陨石(C)和顽辉石球粒陨石(E)(图 4.5)。在本章中,我们将详细叙述 3 种类型的普通球粒陨石。每一类型的普通球粒陨石的化学组分范围相近,可能在同一小行星母体上形成。

到目前为止,普通球粒陨石是最大的一类石质陨石,无论是降落型还是发现型,均占所有已知陨石的一半以上。它们的成分主要是我们前面提到的硅酸盐矿物:橄榄石、辉石以及铁镍金属。单质和化合态的金属用于将普通球粒陨石分为三个不同的化学群:H,L 和 LL 群球粒陨石。"H"表示"高铁"。该群具有质量分数为 25%~30% 的总铁含量。其中,质量分数为 15%~19% 的铁处于未结合的金属状态,其余的以化合态进入硅酸盐矿物和陨硫铁中。在这 3 个群中,含有最多金属的 H 群球粒陨石最容易被磁铁吸引(图 4.6(a))。即使没有抛光,切面上的铁也会显示出明亮的光泽。金属均匀分布在整个陨石中,因此很容易与其他两个群区分开来。除了金属铁和氧化态铁之外,H 群球粒陨石中的橄榄石还具有独特的化学组成,其组分范围是 $Fa_{15\sim19}$。这个值表明了 H 群球粒陨石的橄榄石中镁和铁的比例。纯铁橄榄石被称为铁橄榄石(Fe_2SiO_4),纯镁橄榄石被称为镁橄榄石(Mg_2SiO_4)。大多数橄榄石晶体都是这两种的组合。H 群球粒陨石橄榄石含 Fa(铁橄榄石)的摩尔分数为 15%~19%,或者采用不太常用的说法,它们含 Fo(镁橄榄石)的摩尔分数为 81%~85%。显然,H 群球粒陨石(甚至所有球粒陨石)中的橄榄石都是富含镁的。如今,研究人员通常使用大学里完善的仪器设备来确定橄榄石的化学组成。

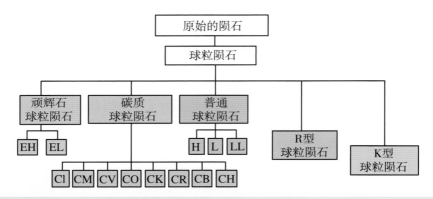

图 4.5　球粒陨石被分成三大类：顽辉石球粒陨石、碳质球粒陨石和普通球粒陨石。Rumuruti(R)型球粒陨石单独成一个群。K 型球粒陨石单独成一个小群，因为这种样品不足 5 块。

(a)　　　　　　　　　　　　　　　(b)

图 4.6　(a) Cook 是一块含有 15%～19% 铁镍金属的 H 群球粒陨石；(b) Beeler 是一个金属含量低于 1% 的 LL 群球粒陨石。Cook 宽为 5.5 厘米；Beeler 宽为 8.5 厘米。

　　第二种普通球粒陨石是 L 群球粒陨石，"L"表示"低铁"。这些处于中间的普通球粒陨石具有质量分数为 20%～25% 的总铁含量，几乎与 H 群球粒陨石一样。但金属铁的量要低得多，质量分数为 1%～10%。当看到 L 群球粒陨石的抛光面时，这一点体现得很明显。与 H 群球粒陨石相比，其金属铁的含量大大减少，同样的 L 群普通球粒陨石不会被磁铁强烈地吸引(注意：在野外测试岩石时，磁吸引力是非常重要的依据，只有少量的陆地岩石能自然吸引到磁铁上，而实际上普通球粒陨石都有一定的磁吸引力)。橄榄石的组成是 $Fa_{21\sim25}$。也就是说，铁橄榄石的摩尔分数为 21%～25%，表明与 H 群球粒陨石相比，更多的铁被氧化。在三种普通球粒陨石群中，L 群球粒陨石是最常见的降落型陨石，占总数的 46%。

　　最后一个普通球粒陨石群是 LL 群球粒陨石，数量是三组中最少的。"LL"表示"低金属、低铁"。当然，这些金属颗粒在没有光学辅助的情况下也能相对容易被看到，并且仍然可以被强磁铁吸引（图 4.6(b)）。但与 L 群球粒陨石相比，LL 群球粒陨石中的金属确实稀少。金属铁含量非常低，质量分数为 1%～3%。总铁的质量分数为 19%～22%。铁橄榄石含量最高（Fa$_{26\sim32}$）。相关数据的总结见表 4.1 。

我们现在已经知道，普通球粒陨石可以根据它们的铁含量进行分类，包括元素（金属）态和化合态。仔细观察，你应该能够看到普通球粒陨石切面中铁金属的相对含量，如果你有足够的经验，你可以通过简单地判断基质中金属的含量来区分三个群的样品。然而，正如我们所看到的，橄榄石组成是另一个判断标准，而我们需要依靠电子探针来分析橄榄石的组成。

表 4.1　依据金属含量划分几个主要的球粒陨石群组

类	群	金属（质量分数/%）	总铁（质量分数/%）	Fa（摩尔分数/%）	Fs（摩尔分数/%）
E	H & L	17～23	22～23	<1	0
OC	H	15～19	25～30	16～20	14～20
OC	L	1～10	20～23	21～25	20～30
OC	LL	1～3	19～22	26～32	32～40

第四节　普通球粒陨石的岩相学类型

如果我们随机观察十几块球粒陨石的切片，我们会立即注意到它们的内部充满了被称为球粒的球形包体。球粒陨石中球粒密集程度的变化范围很广。在某些情况下，球粒十分密集，以至于即使是手持放大镜也很难在它们之间看到基质。一些球粒陨石含有丰富而清晰的球粒，而其他的一些陨石中的球粒已经十分模糊。在某些情况下，球粒几乎完全消失在基质中，只留下一块记录着曾经清晰的球粒的区域。是什么让这些球粒相差如此巨大？大多数研究人员都认为，球粒是在太阳星云历史早期形成的，并且球粒结构的不同是次生作用的结果。热变质作用可能是由放射性元素^{26}Al 的衰变所产生的热量引起的。在生长的母体内部的这种加热使基质和球粒重新结晶，导致球粒结构模糊。随着球粒积聚在生长的星子（小行星母体）上，它们从积累过程中捕获热量。造岩的硅酸盐矿物是热的不良导体，但随着母体的增长，它们会随着深度的增加而逐渐变热。在母体中心附近高达 950 ℃的温度不足以熔化球粒，但足以引起基质的固态重结晶和矿物的热变质作用。这种多样的球粒陨石结构已被证明是球粒陨石分类的有用工具。

1967 年，W. Randall Van Schmus 和 John A. Wood 发表了一篇重要论文，其中提出了球粒陨石的综合分类系统，经过一些修改后，今天仍然使用该分类系统将球粒陨石分为 6 个岩相类型，即从 1 型到 6 型。之前，1 型陨石被认为代表了最低的变质等级，但后来发现其实应该是 3 型。他们用 10 个标准来确定所有球粒陨石的岩相学类型。我们将简要地描述用肉眼或显微镜能够观察到的 3 种。附录 B 中可以找到 10 个标准的完整列表。

最容易研究的应该是球粒结构。表 4.2 给出了用于定义 7 种不同岩相学类型的图表。(Van Schmus 和 Wood 仅列出了 6 种类型,但今天研究人员识别出了 7 种。)值得注意的是,热变质强度在岩相学类型 3～7 中持续增加。这些类型表现出逐渐增加的热变质作用,直到达到 950 ℃ 的极限温度,刚好处于固态重结晶的范围内。3 型被认为是化学不平衡的,因此是最原始的,因为它的橄榄石和辉石的化学成分变化很大。而 4～7 型是平衡的,它们的化学组成比 3 型更为均匀。

表 4.2　球粒陨石的分类

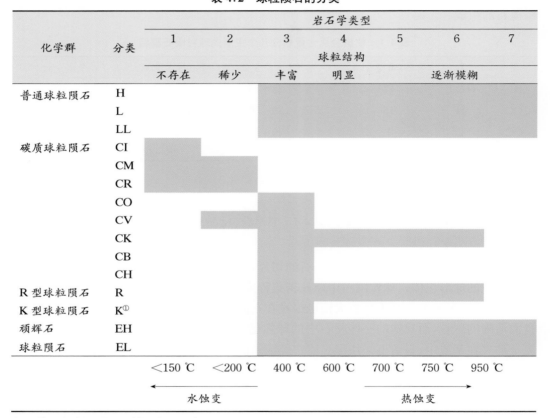

① 已发现的陨石样品少于 5 个。

图 4.7 展示了 3 型、5 型和 6 型的三个普通球粒陨石的薄片图像。三张图片均以相同比例拍摄。可以看到不同等级的热变质作用对球粒结构的影响。在图 4.7(a)中,我们看到分布在细粒黑色基质内的形态良好且密集的球粒。基质由与球粒相同的矿物组成,只是晶体尺寸微小使基质不透明。这块陨石是一块非平衡的 L3 型普通球粒陨石。L 是化学分类,代表低金属,数字 3 表示岩相学类型。在图 4.7(b)中,我们看到一块 5 型陨石,H5 型普通球粒陨石表现出较多的固态重结晶和较少的球粒。在图 4.7(c)的 6 型中只剩下少量球粒。基质和球粒之间的固态重结晶使球粒边界模糊并破坏了原始的陨石结构。

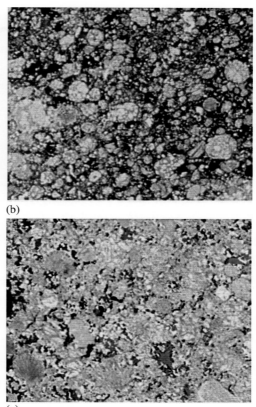

(a)

(b)

图4.7 三个普通球粒陨石的薄片照片,岩石类型数字代表了陨石的结构。(a) 3 型(Moorabie, L3.6);(b) 5 型(Faith, H5);(c) 6 型(Mbale, L6)。注意3 型中基质(黑色)和球粒之间的明显界限。在 6 型中,加热和重结晶破坏了其3 型结构。3 张图像具有相同的比例尺。

(c)

在上述比较中,我们认为 3 型陨石是不平衡的。这仅仅意味着 3 型陨石相对不受热变质作用的影响,基质的重结晶程度是所有球粒陨石中最低的。它们是所有陨石中最原始的,并且现在仍处于相对原始的状态,就像它们在 45 亿年前的太阳星云中一样。毫无疑问,3 型球粒陨石在科学上是球粒陨石中最有价值的。它们向我们揭示了太阳系早期的运行过程。收藏家和研究人员推崇 3 型陨石的原因大致相同。获得这种标本的动机是越原始和越古老的标本的经济价值越大。3 型普通球粒陨石相对较少。与非平衡的 3 型陨石不同,4~7 型被认为是平衡的,这意味着这些类型已经完成了与相邻矿物和玻璃的化学反应,并且已经停止反应。它们已经达到化学平衡状态,矿物组分已经均一化。

基质结构是确定陨石岩相类型的另一个标准。我们注意到基质从 3 型到 4 型早期都是不透明的,在那以后,将会看到一个透明的微晶基质形成。它继续结晶,生长出更大的晶体,直到达到 6 型。此时,基质是浅灰色透明的。

最后一个标准——利用观察次生长石的发育情况,对于使用显微镜的新手来说是较有挑战性的。长石是一种钠钙铝硅酸盐,开始在 4 型的基质中以亚微晶颗粒的形式结晶出来。到了 5 型,现有的基质玻璃开始结晶并消失。剩余的晶体在 6 型基质中继续变大。尺寸为 50~100 微米的长石晶体是平衡的 6 型基质的明确标志。超过 6 型的平衡温度的任何进一步加热都可能导致球粒陨石熔融。

第五节　普通球粒陨石 →

类型:普通球粒陨石(OC)

岩相学分类:3～7

化学群分类:H,L 和 LL

降落型及发现型数据统计:降落型超过 739 块;发现型超过 13526 块

知名样品:Holbrook,Mbale,NWA 869,Park Forest,Peekskill,Plainview

如今,我们已经有了一个完整的分类系统,既考虑到陨石的化学成分和矿物成分,又考虑到重结晶作用对结构的影响。自从 Van Schmus 和 Wood 做了关于陨石分类的开拓性工作以来,研究者已经对此进行了很多修改。例如,许多研究人员认同普通球粒陨石的 3 个化学群都有 7 型分类(H7,L7 和 LL7)。7 型可以定义为那些经历部分(或完全)熔融的陨石。然而,这主要适用于普通球粒陨石。

注意表 4.2 底部标注的温度。随着温度从 600 ℃到 950 ℃变化,热变质作用逐渐增强。3 型球粒陨石标志着热变质作用和水蚀变之间的分界。一些碳质球粒陨石,主要是 CI,CM2 和 CR2,在室温或更低温度(20 ℃)时,明显经历了陨石与水反应的剧烈变化。大多数这些反应可能发生在小行星母体表面或内部。

图 4.8～图 4.15 为普通球粒陨石的照片。

图 4.8　Holbrook L6 陨石的总质量约为 218 千克,共有超过 14000 颗的样品,1912 年降落在亚利桑那州霍尔布鲁克东部的铁路附近。个体质量为从 6.6 千克到仅几毫克。

图 4.9　2006 年 5 月 11 日,在美国堪萨斯州 Kackley 镇附近发现了这块陨石。这是一个熔壳完整、质量为 1.36 千克的陨石。它被归类为 H4 类。(由堪萨斯陨石学会 Mark Bostick 提供。)

图 4.10　1954 年在阿曼的 Jiddat al Harasis 附近发现了一颗 L5 型球粒陨石 Ghubara。自从最初发现以来，一共发现了数百块总质量为五百多千克的碎片。这是一个由彼此不相关的岩石碎片组成的俘掳体角砾岩。图中的岩石碎片模糊不清，表现为斑状。标本最长为 10 厘米。

图 4.11　Plainview，一颗 H5 型球粒陨石，是一块表土角砾岩。风化加强了其明暗结构特征。其含有一些岩石捕掳碎块，包括碳质和难熔包体（CAI）。标本宽为 6 厘米。

图 4.12　NWA 869，L4～6，角砾岩化球粒陨石，发现于 2000 年。至少已收回 2 吨。单个质量范围从 1 克到 20 千克。它是最容易获得的石质陨石之一。

图 4.13　Golden Rule，L5 型球粒陨石，于 1999 年由 Twink Monrad 在寻找 Gold Basin 样品时发现。总质量为 798 克。（由 Chris Monrad 提供。）

图 4.14　Portales Valley，1998 年降落的、高度破裂的 H6 型球粒陨石。楔状金属侵入硅酸盐基质，多角状硅酸盐碎片表现出明显的位错迹象。（由 Geoffrey Notkin/Aerolite. org 拍摄，©奥斯卡·E.蒙尼希陨石画廊。）

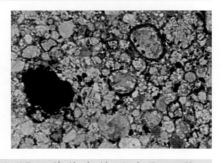

图 4.15　单偏光镜下的 Parnallee LL3.6 型球粒陨石薄片展示了典型的球粒。球粒被紧紧包裹在与之组分类似的黑色基质中。大块的黑色物体是铁镍金属，最大尺寸为 5 毫米。

第六节　顽辉石球粒陨石　　　　　　　　　　　　　　→

类型：EH 球粒陨石

降落型及发现型数据统计：降落型为 8 块；发现型为 117 块

知名样品：Abee，Itqiy，Sahara 97103

类型：EL 球粒陨石

降落型及发现型数据统计：降落型为 7 块；发现型为 31 块

知名样品：DaG 734

　　E 型球粒陨石在陨石收藏中相对较少，仅占所有石质陨石总数的约 2%。目前已知的仅约 200 块，主要是 EH3，EH4 和 EL6。值得注意的是，在月球上哈德利峡谷附近的阿波罗 15 号飞行器采集的月壤样品中曾经发现了 3 毫克这类物质。尽管非常小，但这个小样本仍然包含在陨石目录中 E 型球粒陨石的类别中。E 型球粒陨石在缺氧环境中形成，大部分的铁都以金属或硫化亚铁的形式存在。E 型球粒陨石的辉石几乎不含铁，只含有近乎纯的镁硅酸盐（顽辉石）以及摩尔分数小于 1% 的铁辉石[①]。因此它们被称为顽辉石球粒陨石。像普通球粒陨石一样，E 型球粒陨石根据其总铁含量被细分为 H 和 L 群。EH 球粒陨石含有大约 30% 的总铁量和更多的金属。EL 球粒陨石具有约 25% 的总铁量和较少的金属。分辨 EL 和 EH 球粒陨石的最简单方法是在薄片中观察并注意球粒的大小和形状。EL3 球粒边界清晰，平均直径约为 550 微米。EH3 球粒的平均直径约为 220 微米，并且边界模糊。

　　图 4.16～图 4.18 为 E 型球粒陨石的图片。

图 4.16　来自西北非的 EH3 陨石的切片。在漫散射光下倾斜标本会发现它布满了微小的金属颗粒，约有 35%。辉石中的铁是亏损的，因此只剩下纯富镁顽辉石。在这张照片中显而易见的球粒几乎由纯的顽辉石组成。切片尺寸为 23 毫米。

---

　① 　英文原文是铁橄榄石，这里纠正为铁辉石。——译者注

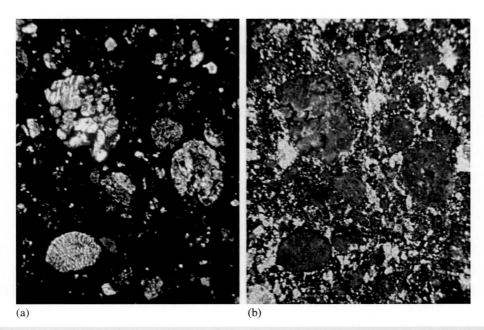

图 4.17　从薄片中看，这块撒哈拉 EH3 陨石中的顽辉石十分丰富。在 (a) 中，无处不在的浅灰色干涉色是在正交偏光中看到的顽辉石。明亮的蓝色和绿色小斑点是橄榄石。在 (b) 中，金属（铁镍）在反射光中十分明亮。EH3 陨石组成的典型比例为顽辉石65%，球粒 15%～20%，金属 15%，基质 2%～15%，橄榄石少于 1%。

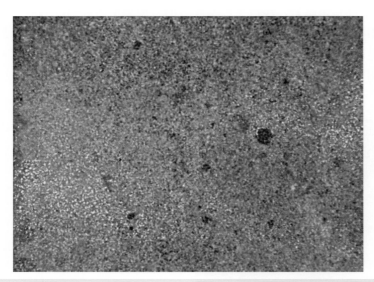

图 4.18　美国内布拉斯加州 Eagle EL6 陨石的照片。金属为微小颗粒，但球粒几乎消失，表明其母体经历了最大程度的热变质作用。

第七节　R 型球粒陨石　　　　　　　　　　　　→

类型：R 型球粒陨石（R），Rumurutiites

特征标本：Rumuruti，1934 年在肯尼亚大裂谷降落

岩相类型：3～6 型

冲击阶段：S2

Rumuruti 的总回收质量：67 克

降落型及发现型数据统计：降落型为 1 块；发现型为 78 块

知名样品：Carlisle Lakes

　　1977 年，在澳大利亚西部 Nullarbor 平原北部的卡莱尔湖附近发现了一块严重风化的质量为 49.5 克的陨石。这块陨石和随后在那里发现的陨石都被严重风化，以至于它们最典型的识别特征都不能被明确地确定。四十多年（1934 年）前，肯尼亚西南部的 Rumuruti 附近发生了陨石降落事件，这些陨石立即被收集起来。柏林自然历史博物馆购买了一块 67 克的标本。随后，它就被遗忘在抽屉里，直到 1993 年它的真实身份才被揭晓。这块陨石四十多年来发生的风化作用很小，因此很容易研究它的重要特征。原来这是一个新的陨石群，并且可以与早期发现的卡莱尔湖陨石相匹配。柏林博物馆的这块标本被划分在一个名为 Rumuruti 类、Rumurutiites 或 R 群球粒陨石的新的陨石群。

　　近年来，有许多 R 型球粒陨石被发现，主要来自南极和炎热的沙漠。除卡莱尔湖标本外，所有标本都是角砾岩。浅色平衡型碎屑的岩相类型为 5～6 型，与之共生的黑色细粒基质的岩相类型为 3～4 型。R 型球粒陨石是所有球粒陨石中氧化程度最高的。它们基本上不含金属铁，与铁几乎全部处于金属状态的 E 型球粒陨石形成鲜明对比。R 型球粒陨石见图 4.19～图 4.22。

图 4.19　NWA 2921，R3.8。2005 年在撒哈拉发现了一个单独的 R 型球粒陨石。表面有被荒漠漆覆盖的残余熔壳。总质量为 44.4 克。（由 Jeff Kuyken 提供，www. meteorites. com. au。）

图 4.20　NWA 2921，R3.8。切片后，呈现角砾结构，众多球粒分布在细粒基质中。（感谢 Jeff Kuyken，www.meteorites.com.au。）

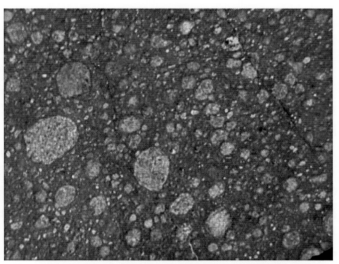

图 4.21　NWA 753，R3.9 球粒陨石的薄片在单偏光下表现出毫米级的大球粒以及大量的小球粒和球粒碎片。没有金属铁的存在。其中灰色基质与 Allende CV3 相似。

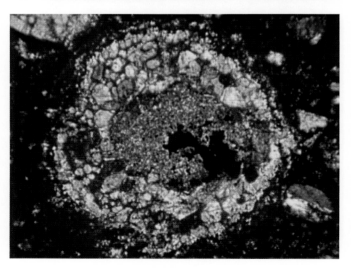

图 4.22　NWA 753 R3.9 的薄片呈现了一个巨大的球粒，被厚厚的明亮橄榄石晶体环带包裹，隐晶质的橄榄石核内为不透明的硫化铁。通常，R 型球粒陨石高度氧化，因此金属非常少。图为正交偏光影像。

第八节　K 型球粒陨石 →

特征标本:Kakangari,1890 年降落在印度泰米尔纳德邦
Kakangari 的总回收质量:350 克
降落型及发现型数据统计:降落型为 1 块;发现型为 1 块
知名样品:来自南极洲 Lewis Cliff 的 LEW 87232

　　K 群是一个小群,只有两个成员,岩石类型均为 3。它们富含陨硫铁,常见层状和装甲球粒。它们的化学成分和氧同位素特征将它们与所有其他球粒陨石分开。尽管其与 H 群和 E 群,抑或与普通球粒陨石和碳质球粒陨石都有相似之处,但它们并不适合任何这些分类体系。它们可能起源于一个小的原始母体。

第九节　碳质球粒陨石 →

　　我们花费了大量时间来研究最常见的普通球粒陨石。现在可以使用我们从普通球粒陨石中学到的知识来观察最令人印象深刻的石质陨石——碳质球粒陨石或 C 型球粒陨石。

　　陨石学家使用缩写形式,用于区分碳质球粒陨石的不同组群。例如,对于 CV3 陨石,C 代表碳质,V 代表 Vigarano 群,而 3 代表岩相类型。有 8 种 C 型球粒陨石:CI、CM、CV、CO、CR、CK、CB 和 CH。还有一些未分群的陨石,有些未分群的样本是十分独特的,其中包括 2000 年 1 月 18 日在加拿大 Yukon Territory 地区落下的塔基什湖陨石(图 4.23)。

图 4.23　加拿大塔基什湖 CI2 陨石的这些易碎的小块在降落穿越地球大气层时幸存了下来。白色的钙铝包体(CAI)颗粒被大量的基质包围。可以看到两个或三个球粒假晶(圆形白色区域)。总质量为 262 毫克。

据估计,当它在大气层顶部时,其主体直径为 4 米,重达 56 吨。幸运的是,许多陨石落到了当时被冻结的塔基什湖面上,因此避免了水蚀变。这块陨石大约 97% 的部分在下降的过程中在大气中燃烧殆尽。它在大气层中飞行期间多次碎裂,最后一次破裂发生在距地面及湖面上空 28 千米处。大部分幸存的陨石都落在了塔基什湖的 Taku arm 区域。据估计,可能有数百块的陨石碎块散失在湖泊和周边森林中。在最初的搜索过程中收集的最大的单个陨石质量为 159 克。

塔基什湖陨石不是普通的碳质球粒陨石。在岩相学上,它们类似于 CM 球粒陨石,具有稀疏分布的小球粒、蚀变的钙铝包体以及不存在于 CI 球粒陨石中的单个橄榄石晶粒。矿物化学组成更像是最原始的碳质球粒陨石——CI 球粒陨石。较高的碳含量表现出更为典型的 CI 球粒陨石的特征,但其他矿物则表现出更典型的 CM 球粒陨石特征。最终确定这块陨石的分类应该介于 CI 和 CM 之间,即 CI2。

碳质球粒陨石的化学成分是已知的最复杂的。从外部看,这些陨石有点像木炭,它们的熔壳呈深灰色至黑色,其内部同样是黑色。有些碳质球粒陨石有非常多的结构清晰的球粒,而另一些内部则几乎没有特殊的结构。与普通球粒陨石不同,碳质球粒陨石几乎没有任何热变质的迹象。它们的元素组成非常接近太阳(除去挥发性成分)。许多碳质球粒陨石由于缺乏金属而与普通球粒陨石进一步区分开来。它们在形成早期(45.6亿年前)获得的金属可能与氧气结合在一起形成氧化物(如磁铁矿)。也许唯一最重要的特征是含水矿物的存在。在一些碳质球粒陨石中,有证据表明液态水已经通过这些陨石的裂缝渗透。这种水在远高于冰点的温度下与原始矿物(橄榄石和辉石)反应,形成了类似于陆地黏土和蛇纹石的水合硅酸盐矿物。与普通球粒陨石不同,几乎所有碳质球粒陨石都表现出含水蚀变的迹象,这似乎是许多碳质球粒陨石共同的标志。

最初研究碳质球粒陨石时,许多研究人员认为:它们含有大量的碳,比其他球粒陨石中的碳多。事实证明并非如此。有些碳质球粒陨石实际上是贫碳的。碳的丰度并不是这些陨石的主要识别特征。相反,它们的镁、钙和铝相对于硅的丰度比普通球粒陨石高。一些最原始的碳质球粒陨石(CI1)含有碳酸盐和复杂的有机化合物,如可能参与生命起源的氨基酸。现在让我们看看碳质球粒陨石的各个群的特征。

一、CI 碳质球粒陨石(CI)

特征标本:Ivuna,于 1938 年在坦桑尼亚姆贝亚降落

冲击阶段:S1

Ivuna 总回收质量:705 克

降落型及发现型数据统计:降落型为 5 块;发现型为 2 块

知名样品:Alais,Orgueil,Revelstoke,Tonk

全世界只有 7 块 CI 碳质球粒陨石,大多数为降落型。其中,只有两块存放了足够的样品可进行有意义的科学研究。1938 年 12 月 16 日,Ivuna 在坦桑尼亚的 Ivuna 镇附近

降落(陨石通常以附近的地理位置或城镇命名)。人们遵循普通球粒陨石的岩相学和化学分类方案研究了这块碳质球粒陨石。本章早些时候我们说到普通球粒陨石的岩相学标准在 3 和 7 之间,其中 3 型热变质最小,7 型热变质最大。这取决于内部结构,而内部结构又是陨石最初形成时热变质作用的结果。碳质球粒陨石的分类方式大致相同,但这些陨石并无热变质。相反,它们已经由于水的作用被蚀变了。Ivuna 被分类为 1 型,基质细粒不透明,碳含量为 3%~5%,大部分含水量在 18%~22%。用这 3 个标准就足以将这些球粒陨石归类为 1 型。最强和最令人惊讶的标准是球粒结构——没有球粒。Orgueil 是 5 个 CI 球粒陨石中量最丰富的,共收集到超过 20 个个体,总质量为 14000克。今天,关于 CI1 球粒陨石的大部分科研工作,特别是与生命起源有关的科研工作,都是通过对 Orgueil 的研究进行的。它无论在学术界还是收藏界都非常抢手。

CI1 球粒陨石如图 4.24~图 4.26 所示。

图 4.24 Ivuna 是世界上最著名的陨石之一,是 CI 碳质球粒陨石的特征标本。这张照片很好地说明了碳质陨石的黑色基质。这件样本的质量为 17 克。(感谢 Luc Labenne, Labenne Meteorites, www. mete-orites. tv。)

图 4.25 Orgueil 降落型碳质球粒陨石中的一块。该碎块的质量为 4 克。(感谢 Luc Labenne, Labenne Meteorites, www. meteorites. tv。)

图 4.26 这块 Orgueil 标本表现出了典型的缺乏球粒的特征。碳质球粒陨石比其他所有陨石的水含量多得多。Orgueil 中水的质量分数为 18%～22%。这块碎块的质量为 2 克。(感谢 Luc Labenne, Labenne Meteorites, www.meteorites.tv。)

二、CM 碳质球粒陨石(CM)

特征标本:Mighei CM2,在 1889 年乌克兰尼古拉耶夫降落

冲击阶段:S1

Mighei 的总回收质量:8 千克

降落型及发现型数据统计:降落型为 15 块;发现型为 146 块

知名样品:Adelaide,Cold Bokkeveld,Murchison,Murray

今天,提到 CM2 碳质球粒陨石时,我们首先会想到 Murchison 的降落。1969 年 9 月 28 日,澳大利亚维多利亚州默奇森镇降落了超过 700 颗石质陨石。它们落在前院、屋顶和街道上。在超过 100 千克原始的、稀有的碳质石块中,一些仍然温暖,被居民捡起并带入室内。许多陨石表现出惊人的流动构造,其他的呈定向的锥形。CM 球粒陨石都是 2 型,并且是第一种出现了球粒的碳质陨石类型。形态完好的细小球粒稀疏地分布在黑色不透明基质中。橄榄石以颗粒或球粒形态在该陨石中广泛分布。CM2 陨石 Mighei 的球粒丰度约为 20%(体积分数),球粒的平均直径为 0.3 毫米,球粒和其他矿物镶嵌在细密的黑色不透明基质中,基质的主要成分是类似于地球黏土的水合层状硅酸盐。这些陨石表现出中等程度的水蚀变(与水发生化学反应),它们含水的质量分数为 3%～11%。Murchison 包含 20.44%～22.13% 的铁(包括化合态铁和单质铁)。金属(铁纹石)和硫化铁(陨硫铁)的颗粒出现在基质中和橄榄石聚集体中,总量为 4%～11%(质量分数)。自从 Murchison 陨落以来,最令人兴奋的一件事是在陨石中发现了有机化合物氨基酸(蛋白质的结构单元),包括所有生物体中存在的左旋氨基酸。

CM2 碳质球粒陨石如图 4.27～图 4.30 所示。

图 4.27 Mighei，CM2 型碳质球粒陨石标本。在黑色基质中可以看到小型浅灰色 CAI 和小型球粒。蛇纹石是水蚀变的产物，为基体赋予绿色色调。该碎块的质量为 4.8 克。（由 Iris Langheinrich，R. A. Langheinrich Meteorites，www.nyrockman.com。）

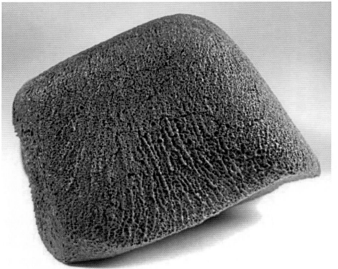

图 4.28 最著名的和研究最充分的 CM2 型碳质球粒陨石是 Murchison。它有美丽的黑色熔壳。这块石头表现出流动构造，显示出了沿其结构流动的熔融硅酸岩的流向。该陨石样品的质量为 107 克。（由 Jim Strope 提供，www.catchafallingstar.com。）

图 4.29 Murchison 的这个样品显示了其光滑的外观和细粒的黑色基质。即使在薄片中，它和所有其他碳质球粒陨石的基质都是黑色不透明的。样品中次球状结构为球粒。样品的质量为 42 克。

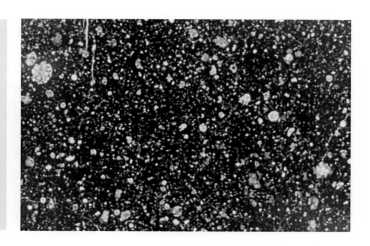

图 4.30 Murchison 的这一薄片的单偏光照片显示了一些小型斑状橄榄石球粒和球粒碎片散布在不透明基质中。细小裂缝向样品内部延伸。

三、CV 碳质球粒陨石(CV)

特征标本：Vigarano CV3.3，于 1910 年在意大利的艾米利亚-罗马涅降落

冲击阶段：S1～S2

Vigarano 总回收质量：15 千克

降落型及发现型数据统计：降落型为 7 块；发现型为 106 块

知名样品：Allende，Axtell

1969 年以前，CV 球粒陨石总数约为 97 个。它们是当时碳质球粒陨石中最稀有的。然后，在 1969 年 2 月 8 日晚 1 点 5 分，超过两吨 CV3.2 球粒陨石降落在墨西哥奇瓦瓦附近的小镇(阿连德镇)。从数字上来说，这次降落仍然是迄今为止见过的最大的降落之一。Allende 的降落使得更多的 CV 球粒陨石可以用于科学研究，这次降落比之前所有 CV 陨石加起来都多。今天，Allende 是研究最多的 CV 球粒陨石之一，它是博物馆和私人收藏家的绝佳展品，并且价格合理。

CV 的外观与 CI 或 CM2 球粒陨石的外观非常不同。CI 和 CM2 的熔壳是不透明和黑色的，因此难以区分熔壳和内部物质。Allende 的熔壳是深灰色的，内部是浅灰色的。打开熔壳可以看见内部是大量平均直径为 1 毫米的球粒。Allende 的球粒是碳质球粒陨石中发现的最大的球粒之一。你敢相信有直径达 25 毫米的球粒吗？相比之下，CO 型球粒非常小，平均约为 0.15 毫米。CV 球粒丰度平均为 35%～45%。只有普通球粒陨石有更高的球粒含量(60%～80%)。

在研究一块较大的阿连德样品切片时，我们遇到了通常在其他球粒陨石中看不到或者很难看到的结构。这些是在最早的球粒形成之前的数百万年前在太阳星云中形成的强难熔矿物，它们被称为 CAI 或钙铝包体，主要存在于 CV3 球粒陨石中。Allende 含有 5%～10%的钙铝包体。钙铝包体的矿物学特征复杂，由高熔点氧化物(如钙镁铝氧化物)、尖晶石(氧化镁铝)和钙长石(硅酸铝钙)等组成。在这些矿物中，特别是钙长石的晶

格中发现了过量的^{26}Mg，表明同位素^{26}Al曾经存在于这些位置并衰变成稳定的^{26}Mg。因此，^{26}Al在早期太阳星云中作为原始同位素存在。

CV球粒陨石如图4.31～图4.35所示。

图4.31 Allende CV3.2碳质球粒陨石的黑色原始熔壳与浅灰色的内部形成鲜明对比。请注意气印。这块石头的质量为1707克。（照片由Geoffrey Notkin/Aerolite. org拍摄，© Michael Farmer Collection/www. meteoritehunter.com。）

图4.32 一块14厘米宽的Allende CV3.2陨石。这里看到的大约一半包体是球粒，最亮的包体是钙铝包体。中心含有微小球粒的黑色细长物体可能是一个CO球粒陨石的碎片。标本的质量为317克。

图4.33 一片Axtell，1943年在得克萨斯州发现的CV3.0陨石。在所有CV球粒陨石中，球粒约占45%，基质约占40%，钙铝包体约占10%，金属约占0～5%。这块样品的质量为264克，尺寸为9厘米×12厘米。（摄影：Geof-frey Notkin/Aerolite. org，© The Oscar E. Monnig Meteorite Gallery。）

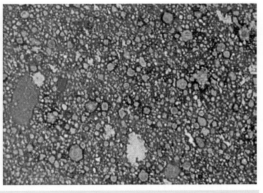

图4.34 Axtell切片的细节。值得注意的是大量的球粒、各种尺寸的次棱角状的灰色包体和白色不规则形状的钙铝包体。基质表现出普遍的风化（风化等级5）。（摄影：Geoffrey Notkin/Aerolite. org，© The Oscar E. Monnig Meteorite Gallery。）

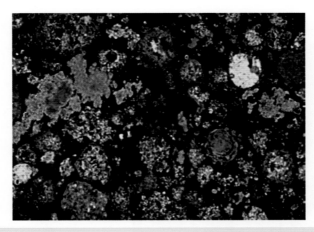

图 4.35　低倍镜下的 Allende 薄片的正交偏光照片,可以看到很多球粒、钙铝包体和黑色基质。请注意左上角的大型 CAI。

四、CO 碳质球粒陨石(CO)

特征标本:Ornans CO3.4,1868 年在法国 Franche-Comte 降落

冲击阶段:S1

Ornans 的总回收质量:6 千克

降落型及发现型数据统计:降落型为 6 块;发现型为 153 块

知名样品:Kainsaz,Lancé,Moss

像碳质球粒陨石类的大部分成员一样,该球粒陨石以类型标本 Ornans 命名。Ornans 陨石在物理和化学上都与 CV 和 CK 球粒陨石有关,它们一起形成一个独特的族。CV 球粒陨石与 CO 球粒陨石之间最显著的区别在于球粒的尺寸。CV 球粒的平均直径约为 1 毫米;CO 球粒通常直径小于 0.2 毫米,它们非常小,密集堆积在基质中,占陨石体积的 48%。与 CV 球粒陨石一样,CO 球粒陨石的钙铝包体约占基质的 15%,但这些包体通常比 CV 球粒陨石基质中的小得多,分布也更稀疏。在精心制作的薄片中也可以看到小的金属(FeNi)包体。

2006 年 7 月 14 日,挪威记录到 CO3.5/3.6 陨石的降落,它被命名为 Moss。五块石头总质量为 3.76 千克,撞击了屋顶和栅栏。这些碎片沿着长度超过 6 千米的散落带降落。

CO 球粒陨石如图 4.36~图 4.38 所示。

图 4.36　一块 Ornans CO3.3，没有熔壳的碳质球粒陨石标本。它有微小的球粒（0.15毫米）和接近 35%（体积分数）的基质。（美国新墨西哥大学收藏。）

(a)

(b)

图 4.37　(a) 2006 年 7 月在挪威降落的一颗新鲜的 CO3.5/3.6 样本。它有新鲜的黑色的熔壳、浅色的内部、疏松的结构和模糊的球粒；(b) 抛光切片显示了样本内部明亮的金属，CO球粒陨石通常含有高达 5%的金属。（Mike Farmer 提供，www.meteoritehunter.com。）

图4.38 Dar al Gani 749,这张照片展示了CO3球粒陨石切面的复杂结构。内部的金属区域可以用强磁铁探测,橙色区域是地球风化的结果。这块样品的宽度为30毫米。

五、CK 碳质球粒陨石(CK)

特征样本:Karoonda,1930年在南澳大利亚州降落

冲击阶段:S1

Karoonda 总回收质量:41.73千克

降落型及发现型数据统计:降落型为2块;发现型为153块

知名样品:Maralinga

　　CK球粒陨石几乎完全来自于南极洲,大约从1990年开始被发现,并且数量迅速增加,直到20世纪结束时已知的CK球粒陨石已有73块。在这73块中,只有两块为降落型。第一块在1930年降落在南澳大利亚的卡隆达。另一块降落在南澳大利亚纳拉伯平原的马拉林加镇附近。Maralinga是CK球粒陨石中较易获得的样品。大多数CK球粒陨石高度平衡,岩相学类型为4~6,75%达到5型。它们是唯一显示岩相学类型超过3的碳质球粒陨石。通过样品切面发现其内部为黯淡的黑色,这种暗色被称为硅酸盐变暗。变暗使得该区域难以用手持放大镜或显微镜来观察。变暗是所有CK球粒陨石的特征,并且是渗透硅酸盐(橄榄石)内部的细粒磁铁矿和镍黄铁矿(镍铁硫化物)的结果。球粒约占体积的45%(体积分数),球粒平均直径约为1.0毫米。

　　CK球粒陨石高度氧化,在基质中没有发现金属颗粒与磁铁矿、陨硫铁和含铁硅酸盐一起出现,这是高度氧化的明显标志。相反,CK球粒陨石中的橄榄石和辉石富含铁,基质中可能存在一些细粒铁矿物,可以用强磁铁吸引。CK球粒的化学特征与CO和CV的球粒相似,但其整体化学特征的显著差异使它们与CO和CV球粒陨石有所区别。

　　CK球粒陨石如图4.39~图4.42所示。

图 4.39 Karoonda CK4 是 CK 球粒陨石的类型标本。宽度为 64 毫米。（Robert Haag 收藏。）

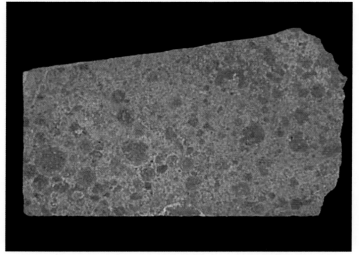

图 4.40 Maralinga CK4 球粒陨石的 28 毫米切片，表现出中等程度的风化，视域内最大的球粒直径为 1.5 毫米。

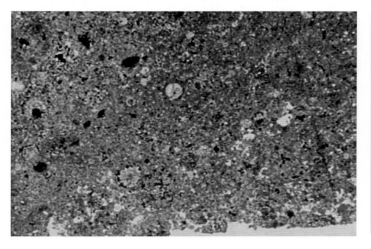

图4.41 在单偏光下 Maralinga 的薄片。像其他 CK4 一样，由于在基质中透明硅酸盐矿物内生长的细粒镍黄铁矿和磁铁矿，使它内部的硅酸盐变黑。橙色和棕色的区域是风化的金属和硫化物。

图 4.42　NWA 765,CK4/5,2000 年发现于摩洛哥。黑色球粒分散在整个灰黑色的基质中。（由 Bruno Fectay 和 Carine Bidaut 提供,The Earth's Memory, meteorite.fr。）

六、CR 碳质球粒陨石(CR)

特征标本:Renazzo,CR2,1824 年在意大利艾米利亚-罗马涅降落

冲击阶段:S1～S3

Renazzo 总回收质量:10 千克

降落型及发现型数据统计:降落型为 3 块;发现型为 105 块

知名样品:Acfer 059,NWA 801,Tafassasset

　　CR 碳质球粒陨石是一个相对较新的群。该群的发现主要得益于科学家 20 世纪 80 年代在南极收集到了类似陨石,以及陨石收集者在撒哈拉也寻找到了相似的陨石。20 世纪 90 年代,Renazzo 成为 CR 球粒陨石的类型标本。

　　CR 球粒陨石与大多数碳质球粒陨石的不同之处在于其含有大量金属,通常表现为含有金属边缘的球粒。球粒的平均大小约为 0.7 毫米,约占陨石总体积的 50%（体积分数）。所有的 CR 球粒陨石的岩相学类型都是 2 型,表明这些球粒陨石经历过一定程度的水蚀变。

　　CR 球粒陨石如图 4.43～图 4.45 所示。

图 4.43　Acfer 059，1989 年在阿尔及利亚发现的一块 CR2 球粒陨石。它与特征标本 Renazzo 有相似之处。平均球粒直径为 0.7 毫米，由于水蚀变产生的层状硅酸盐表现为显著的黑色边缘。该样品的质量为 28 克，宽为 6 厘米。（Robert Haag 收藏。）

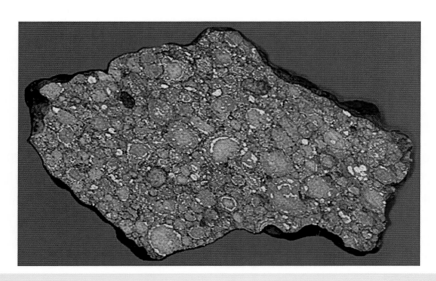

图 4.44　CR2 球粒陨石含有 5%～8% 的金属。大多数球粒都有深色的边缘，而边缘被金属包围。该 NWA 801 样品的最大尺寸为 41 毫米。

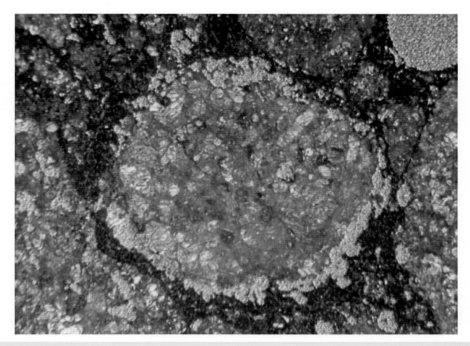

图 4.45　NWA 801(CR2 球粒陨石)薄片正交偏光反射光图像细节,具有金属边缘的球粒被黑色基质包裹住。注意右上角的金属。

七、CB 碳质球粒陨石(CB)

特征标本:Bencubbin,1930 年在澳大利亚的西澳大利亚州降落
Bencubbin 总回收质量:118 千克
降落型及发现型数据统计:降落型为 1 块;发现型为 11 块
知名样品:Fountain Hills,Gujba,Isheyevo

　　这个新类型的碳质球粒陨石群以 1930 年在澳大利亚回收的特征标本 Bencubbin 命名。CB 碳质球粒陨石是非常特殊的,它们的球粒中有 50% 以上的铁镍金属。从结构上讲,它们通常包含直径为 1.5~8 毫米的大金属结核与厘米级的大球粒,球粒中包含大量金属和辉石聚集体,60% 的成分是金属。大型金属结核中常含不定量的陨硫铁(FeS)、隐晶质硅酸盐和富稀有金属的橄榄石。研究人员根据岩石学和地球化学特征将 CB 球粒陨石划分为 CB_a 和 CB_b 组。

　　反射光谱数据的研究表明,CB 碳质球粒陨石与大质量的主带小行星 2 Pallas 之间有很强的相似性,小行星 2 Pallas 可能是所有这些陨石的母体。所有 CB 球粒陨石都表现出经历过熔融的特征,可能起源于冲击事件。

　　CB 球粒陨石如图 4.46~图 4.48 所示。

图 4.46　1930 年在西澳大利亚州发现的 CB 球粒陨石的特征标本 Bencubbin 的切片。Bencubbin 是一个铁质复矿角砾岩。金属（白色）和硅酸盐（深灰色）的棱角状碎屑由玻璃质基质、金属碎屑及金属脉固结。图像宽度为 37 毫米。（感谢 Luc Labenne，Labenne Meteorites，www. meteorites. tv。）

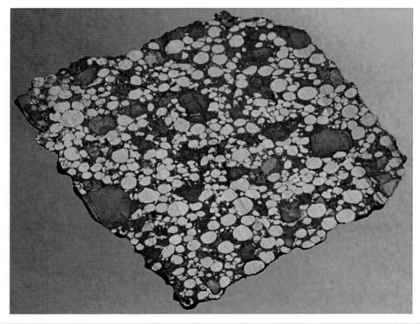

图 4.47　1984 年在尼日利亚发现的 Gujba，一块美丽的 CB$_a$ 球粒陨石。该样品中有大量的椭圆形金属结核（浅灰色）。样品最大尺度为 11 厘米。（Geoffrey Notkin/Aerolite. org 拍摄，© Oscar E. Monnig Meteorite Gallery。）

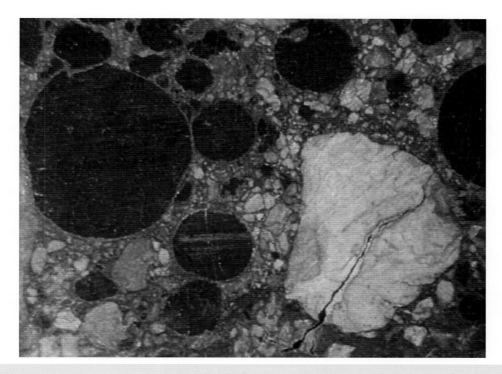

图4.48　Gujba 的放大图像,在黑色富硅酸盐的基质中分布着毫米级尺寸的金属结核
(黑色)和尺寸相差巨大的硅酸盐碎片。棱角状的碎片表明 Gujba 曾经是一块表土角
砾岩的一部分。这块切片经过高度抛光处理,因此金属像镜子一样反光。

八、CH 碳质球粒陨石(CH)

特征标本:ALH 85085,1985 年在南极阿伦山被发现

ALH 85085 总回收质量:11.9 克

降落型及发现型数据统计:降落型为 0 块;发现型为 19 块

知名样品:Acfer 214,Acfer 366,SaU 290

　　CH 球粒陨石是一种罕见的新型碳质球粒陨石,化学成分非常接近 CR 和 CB。"H"代表"高金属",因为 CH 球粒陨石含有高达 20%的铁镍金属。它们的基质中分布着许多直径为 0.02 毫米的破碎球粒,占体积的 70%(体积分数)。CAI 不够丰富。与 CR 球粒陨石一样,CH 球粒陨石含有少量层状硅酸盐和其他含水蚀变痕迹,基质的 70%是辉石。该群中的一些成员含有高达 60%～70%的金属,使得 CH 球粒陨石仍然是最富含金属的碳质球粒陨石。一些人将 CH 球粒陨石与富含金属的 CB 混为一谈。实际上,Bencubbin 最初被归类为 CH 球粒陨石,而众所周知的 Hammadah al Hamra 237 现在

被归类为 $CB3_b$。

第十节　球粒图片鉴赏 →

近两个世纪以来,陨石学家已经知道在球粒陨石的内部存在微小的、大致毫米级的亚球体。这些被称为球粒的球体在 45.6 亿年前的太阳星云中生长,它们是早期太阳星云凝聚出来的第一批固体成分。研究它们是研究在地球形成之前组成太阳星云的物质的一种方法。

大多数球粒的直径为 0.1~3.8 毫米。有一些是较大的,被称为大球粒。它们被分为 7 种基本的结构类型(表 4.3)。尽管它们的形状、大小和组成十分复杂,但这些类型和变化在球粒陨石中都很普遍。它们可能是斑状的、非斑状的或颗粒状的。斑状指的是火成岩的结构,它们表现为细粒基质中的明显晶体。

表 4.3　基于结构划分的球粒类型(参照 Keil and Gooding,1981)

	类型	结构和矿物	丰度(%)
斑状	PO	斑状橄榄石	23
	PP	斑状辉石	10
	POP	斑状橄榄石-辉石	48
非斑状	RP	放射状辉石	7
	BO	炉条状橄榄石	4
	C	隐晶质	5
其他	GOP	颗粒状橄榄石-辉石	3

总的来说,球粒陨石不是很漂亮。即使在可见光显微镜下,它们也只是呈现灰色和棕色的色调。但是,当球粒陨石被切割并研磨到合适的厚度且在正交偏光显微镜下观察时,就会呈现完全不同的景象。当通过岩相显微镜观察时,7 种基本的球粒类型和它们的变化呈现出明亮的干涉色。这些颜色和形状令人惊叹,下文中的图片将详细展示这些美丽的景观。就像拍摄遥远的天体需要现代 CCD 电子设备一样,要体现石陨石内部的美感也需要专业设备。第十一章将更详细地讨论这个拍摄过程(图 4.49~图 4.72)。

图 4.49　一个直径为 7 毫米的特大型球粒嵌在基质中。（来自 Allende CV3.2 碳质球粒陨石。）

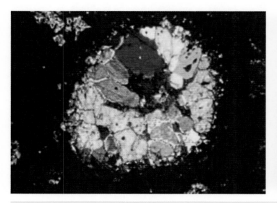

图 4.50　来自 Allende CV3.2 碳质球粒陨石的斑状橄榄石（PO）球粒。正交偏光下拍摄。（由 Tom Toffoli 博士提供。）

图 4.51　来自 Zegdou H3 球粒陨石的正交偏光中的斑状辉石（PP）球粒。（由 Tom Toffoli 博士提供。）

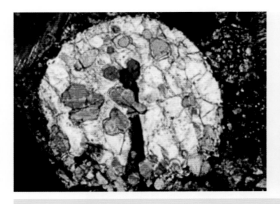

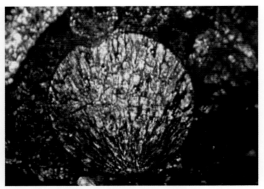

图 4.52　来自 Hamlet LL4 普通球粒陨石的斑状橄榄石-辉石（POP）球粒。鲜艳的橄榄石颗粒被白色斜方辉石完全包裹。被称为嵌晶结构。（由 Tom Toffoli 博士提供。）

图 4.53　Saratov L4 普通球粒陨石，球粒是放射状辉石（RP）。整个球粒似乎覆盖着一层五颜六色的单斜辉石颗粒。颗粒沿着球粒边缘的某一点呈放射状分布。

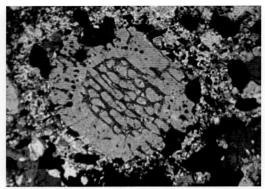

图 4.54　来自 NWA 530 L5 普通球粒陨石的细粒放射状辉石（RP）球粒。斜方辉石（顽辉石）的纤维束像从球粒一角辐射。当重结晶开始时，这些球粒可能完全消失。

图 4.55　Beaver L5 普通球粒陨石中的炉条状橄榄石（BO）球粒。条状橄榄石被重结晶玻璃分隔，整个球粒由厚的火成边环绕。明亮的洋红色表明其干涉色等级非常高。

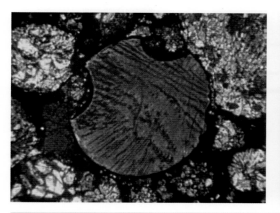

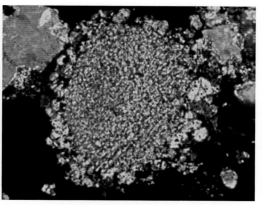

图4.56　Sahara球粒陨石中的隐晶质（C）球粒具有典型的亚微斜方辉石的深灰色。在右上角和中间左侧可以看到两个球粒的"撞击坑"。

图4.57　Allende CV3.2碳质球粒陨石的粒状橄榄石-辉石（GOP）球粒，包含由细粒等粒橄榄石和辉石组成的基质，球粒核部基质的粒径为25～400微米。

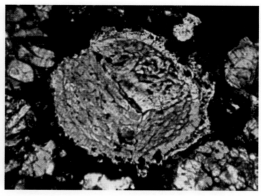

图4.58　来自Marlow L5普通球粒陨石的放射状辉石（RP）球粒。这块特殊的球粒似乎由至少3束从同一点延伸出来的辉石纤维组成。一个大的复合球粒的"撞击坑"位于右下侧。

图4.59　Moorabie L3.8普通球粒陨石的球粒由3个明显的橄榄石区域组成。在每个区域，橄榄石的晶体具有不同的取向，表现出不同颜色。一个厚厚的部分被破坏的边缘环绕着内部。

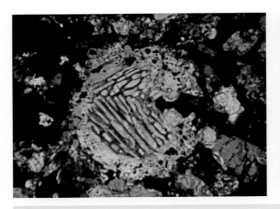

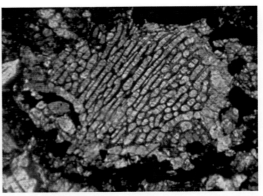

图 4.60　Nuevo Mercurio H5 普通球粒陨石中一个非常漂亮的球粒,炉条状橄榄石(BO)沿两个方向生长,具有不同的晶体取向。一层厚厚的右侧被破坏的火成边包裹着炉条状橄榄石。

图 4.61　来自 Barratta L3.8 普通球粒陨石的一个奇特的球粒。它是由一排炉条状橄榄石和与其相同成分的边缘组成的大球粒。球粒边缘有短的突出物,残余物使其具有扇形外观。

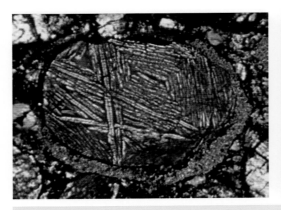

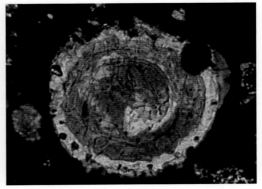

图 4.62　来自 Marlow L5 普通球粒陨石中的复杂球粒含有数个细橄榄石长条相互交叉。由铁纹石构成的金属环绕着球粒。在反射光和正交偏光下拍摄。

图 4.63　薄厚相间的橄榄石层形成的多层球粒。交替的红色和蓝色壳层表明晶体的不同取向或成分不同的两层橄榄石。来自 Moss CO3.5 球粒陨石。(由 John Kashuba 提供。)

图 4.64 这颗奇怪的球粒有点像水母，实际上是 Barratta L3.8 普通球粒陨石中一颗炉条状橄榄石球粒的一半。"水母"身下似乎挂着一些触手，就像在现实中一样。周围矿物表现出 S4 冲击阶段的特征。

图 4.65 Maralinga CK4 碳质球粒陨石。一个大圆面中的半自形橄榄石颗粒表现出不同的干涉色。较大颗粒似乎是指向球粒中心的。黑色细粒基质包围着这个球粒。（由 Tom Toffoli 博士提供。）

图 4.66 Moorabie L3.6 普通球粒陨石。在正交偏光中看到的类似于"猫头鹰"的球粒，四个彼此垂直的炉条状橄榄石构成了这个切面，边缘环带较厚。大面积的不透明区域表明有金属混入。

图 4.67 同一张切片（与图 4.66）在反射光和正交偏光下可以观察到中央的金属。边缘有微小的金属颗粒，金属散布在基质中。在反射光下可以看见一些硅酸盐颗粒。

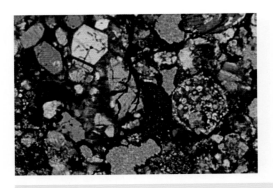

图4.68　Cleo Springs H4普通球粒陨石正交偏光照片。几乎完美的自形橄榄石晶体镶嵌在黑色基质中(左上方)。一个完整的充满了小橄榄石颗粒的微型球粒在照片的中间右半部分。

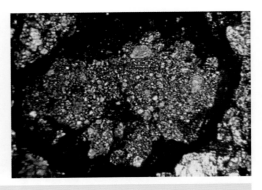

图4.69　Allende CV3.2含有大量微小橄榄石颗粒(蠕虫状橄榄石聚集体)。它有点像一个在周边有小突起的蠕虫。橄榄石晶粒大小几乎相同(等粒)。

图4.70　来自Barratta L3.8普通球粒陨石奇妙复杂的椭圆形球粒,外部薄边包围着几个炉条状橄榄石。两点和八点钟方向的黑色基质中出现两个小型球粒。

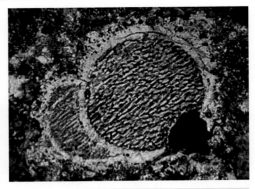

图4.71　未命名的西北非普通球粒陨石中的完美对称的炉条状橄榄石球粒。原生和次生的两个球粒组成一个复合球粒。(由Tom Toffoli博士提供。)

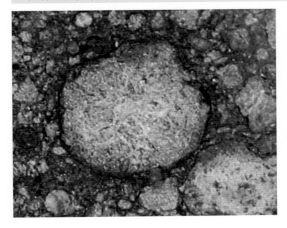

图4.72　NWA 2785 L3.5(S2,W2)普通球粒陨石中一个大球粒的宏观照片,亮绿色颗粒为橄榄石。这是一种斑状橄榄石-辉石(POP)球粒,直径为8.3毫米。(由John Birdsell提供,www.arizonaskiesmeteorites.com。)

在第四章中,我们研究了最原始的陨石,即球粒陨石。我们遇到的大约85%的已知陨石属于这一类。剩下的陨石是无球粒陨石。从广义上讲,"无球粒陨石"这个词的意思就是"没有球粒"。在观察球粒陨石时,我们不禁注意到它们之间存在一定的相同性。在所有群中都发现了相同的前身矿物(橄榄石和辉石)。大都在陨石内部分布有为数不少的铁镍金属,多年以来一直使用一套基于铁含量的分类系统。最重要的是,几乎所有的球粒陨石都由球粒或球粒碎片组成,除了CI。其中一些球粒十分清晰,而另一些则完全消失在基质中。我们进一步发现,这些球粒陨石中的许多已经受到热变质作用,在这种变质作用下,球粒被加热到950 ℃或更高的温度,不足以熔化球粒,但足以使它们从其原始状态缓慢地变化。热变质是可以改变球粒陨石结构最重要的方式之一,热量来自于放射性同位素^{26}Al的衰变。原始球粒陨石矿物的重结晶是这些高温的结果。

在表4.2中的温度梯度的左侧,从约400 ℃开始并延伸到约150 ℃以下(一些低至20 ℃),我们注意到由于水的作用引起的变化。这在1型和2型中尤其明显。在这里,流体通过微小的裂缝进入岩石,随后与原始的主要矿物发生反应,产生水合矿物,如磁铁矿和类黏土层状硅酸盐。受影响最小的球粒陨石是3型陨石,这类陨石几乎没有任何水蚀变或热变质特征。

剩下15%的陨石是无球粒陨石、铁陨石和石铁陨石。这3种重要的陨石类型与球粒陨石几乎没有什么共同之处,但它们彼此之间仍有很多共同之处。与球粒陨石不同,无球粒陨石是在其小行星母体深处熔融形成的。它们曾经是球粒陨石,但是在母体小行星形成期间,它们的主要结构被破坏了。

第一节 分 异 →

在太阳系历史的早期,地球和内行星就像球粒陨石的母体一样,多多少少具有相同的组成。随着散落在太阳系内部的岩石碎片在它们之上逐渐堆积,它们的质量稳步增长。岩石碎屑持续撞击行星产生热量，从而熔融地表和近地表的岩石。这些逐渐增加的质量压缩形成中的行星，释放出重力势能并将它转化为内部深处的热量。同时还有深处的岩石中的放射性同位素衰变产生热量。所有这些加在一起的热源提供了足够的热能来完全熔融形成中的年轻行星。当它处于准液态到液态时，行星开始分异（图5.1）。铁核的形成开始了类地行星逐渐分层的过程。在熔融或半熔融状态下，较重的矿物与较低密度的矿物分离。诸如铁、镍以及一些贵金属（金、铂和铱等重元素）从形成的黏性流体中分离出来，逐渐沉入核部，形成较重的核。较轻的元素和矿物堆积在核心周围，形成致密的玄武质岩石和厚厚的较轻矿物组成的地幔。当最轻的矿物如长石、石英和云母缓慢地漂浮到顶部时形成相对较薄的外壳，分异完成。无球粒陨石可能代表了这些分异母体的外壳。

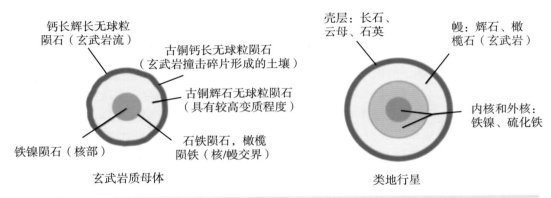

图5.1 玄武质无球粒陨石来自完全熔融的母体。熔融时，分异过程开始并导致液体和晶体分离成单独的同心区域。更大的类地行星完全熔化，将难以留下任何原始物质的记录。

第二节　无球粒陨石　　→

无球粒陨石是分异型陨石中最大的一类，包括来自小行星带、月球和火星的陨石（图5.2）。此外，还有一类非常稀有的陨石，即原始无球粒陨石，其成员显示出部分熔融和部分分异的迹象。原始无球粒陨石分为三个亚群：A群陨石、Lod群陨石和W群陨石。它们有着重要的相似之处，可能起源于相同的小行星母体。

原始无球粒陨石仅部分熔融，但玄武质（岩浆）无球粒陨石则是完全熔融的产物，它们与地球玄武岩相似。玄武质无球粒陨石分为三个群——古铜钙长无球粒陨石（Howardite）、钙长辉长无球粒陨石（Eucrite）和古铜无球粒陨石（Diogenite）（HED群），代表玄武质岩浆形成的火山岩和深成岩。它们通常被放在一起研究小行星玄武岩的成分。HED陨石被认为来自同一个母体，可能来自灶神星。由于灶神星不寻常的玄武质成分,尤其是其光谱和 HED 陨石之间十分匹配,这种联系是十分合理的。HED 陨石是最多的来自于小行星的无球粒陨石,共有超过 751 块发现型和降落型样品。

还有四类罕见的来自于小行星的无球粒陨石群,它们分别是:钛辉无球粒陨石(Angrite)、顽辉石无球粒陨石(Aubrite)、橄辉无球粒陨石(Ureilite)和 B 群陨石(Brachinite)。最稀有和最有价值的无球粒陨石是来自于行星的无球粒陨石。它们包括 34 块火星陨石和 56 块月球陨石。[①] 我们将在第六章中介绍它们。

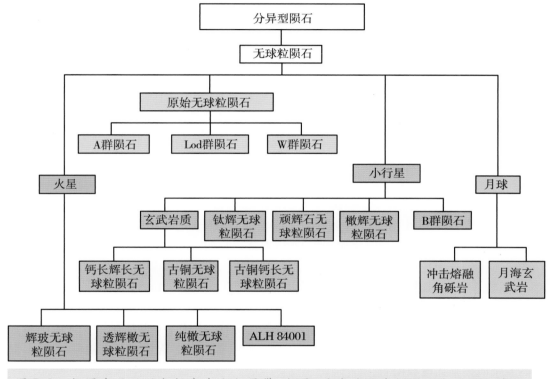

图 5.2　框图中显示了包括来自小行星带、火星、月球的无球粒陨石和原始无球粒陨石。

————————————

① 截至译稿前,无球粒陨石的发现数量已远远大于这个数量,如火星陨石为 211 块,月球陨石为 345 块,HED 群陨石为 2040 块。——译者注

一、原始无球粒陨石

Acapulcoites（A 群陨石）；Lodranites（Lod 群陨石）；Winonaites（W 群陨石）

特征标本：Acapulco，1976 年在墨西哥的格雷罗降落
Acapulco 的总质量：1914 克
降落型及发现型数据统计：降落型为 1 块；发现型为 39 块
知名样品：Dhofar 125，Monument Draw

特征标本：Lodran，1868 年在巴基斯坦 Lodhran 东部降落
Lodran 的总质量：1000 克
降落型及发现型数据统计：降落型为 1 块；发现型为 17 块
知名样品：NWA 2235

特征标本：Winona，1928 年在亚利桑那州的一块石头墓葬中发现
Winona 的总质量：25 千克
降落型及发现型数据统计：降落型为 1 块；发现型为 20 块

  A 群陨石和 Lod 群陨石属于原始无球粒陨石，并且具有相似的化学和物理特征。因为它们在化学和矿物学上密切相关，所以通常将它们一起讨论。两种原始无球粒陨石的基本区别在于粒度。A 群陨石的主要矿物是细粒的球粒状辉石，除此之外还有橄榄石、铁镍金属、陨硫铁和铬铁矿，晶粒尺寸为 0.2～0.4 毫米。Lod 群陨石的晶粒尺寸为 0.5～1.0 毫米，主要硅酸盐矿物为橄榄石，它们的成分介于顽辉石或 E 型球粒陨石与 H 型球粒陨石之间。A 群陨石和 Lod 群陨石都很奇特。例如，两者都保留了球粒陨石成分，甚至一些 A 群陨石中仍然存在球粒。Lod 群陨石具有比 A 群陨石更粗粒的结构，但两者都明显是无球粒陨石。

  这两个群的陨石均经历了非常强的热变质作用，广泛表现出重结晶的特征，这从薄片中出现的许多 120°三联点中可见一斑。在薄片中，一些分异型的陨石表现为相似尺寸的矿物颗粒聚集在一起，这说明这些陨石来自其母体内的热变质区域。埋藏区域长时间加热，但没有熔融。热量使原始矿物的晶格原子在固体岩石内短距离迁移，并重新排列成简单的矿物组合。对于地球岩石，人们可以研究热变质作用引起的全部变化。轻微变质的岩石保留了大部分原始矿物和结构，但那些已经彻底变质的岩石则保留了很少或完全没有保留。

  Lod 群陨石的粗颗粒表明它们形成于母体的更深层中，在那里它们受到更强烈的热变质。最近，一些研究人员已经提出，至少一部分原始无球粒陨石是球粒陨石部分熔融的残留物。他们认为这些陨石正处于分异（熔融和分离）过程中，开始转变为无球粒陨石，但转变尚未完成。因此，它们仍然处于球粒陨石和无球粒陨石之间的过渡阶段。这两种陨石可能来自同一个母体，最有可能是一个 S 型小行星。

W 群陨石以 1928 年在亚利桑那州 Winona 发现的特征标本命名,在埃尔登普韦布洛的美洲土著石制墓葬中被发现。一群被称为西纳瓜人的人类从 1070~1275 年在此地生活。这些陨石埋葬的方式与该文化中儿童埋葬的方式相同,这表明这些陨石极受崇拜,可能是因为人们目睹了它的降落。虽然这些陨石原本是一个整体,但由于长期的风化,这颗陨石被发现时已经分崩离析。已知的 W 群陨石有 21 块,全部都是中等粒度的,大部分是等粒的,偶尔还含有残留的球粒。在矿物学上,它们的组分类似于球粒陨石(介于 E 和 H 之间)。它们含有铁镍和陨硫铁脉,可能代表原始母体上的最早的部分熔融形成的熔体。它们与ⅠAB 和ⅢCD 铁陨石中发现的硅酸盐包裹体密切相关。出于这个原因,W 群陨石经常被归类为铁陨石,但其同样被认为是无球粒陨石。

图 5.3~图 5.8 展示了原始的无球粒陨石的照片。

图 5.3　这张 NWA 2714 的照片展示了 Lod 群陨石的等粒结构,看起来几乎与 A 群陨石相同。彩色晶体为橄榄石、斜方辉石、斜长石、陨硫铁和铁纹石。晶体尺寸小于 1 毫米。视域宽度为 25 毫米。(由 John Birdsell 提供,www. arizonaskies-meteorites.com。)

图 5.4　Monument Draw 薄片,来自美国得克萨斯州的一块 A 群陨石,可以看到蓝灰色的金属和青铜色的陨硫铁(最右边)以及等粒灰色斜方辉石和彩色橄榄石晶体分布在这个显著热变质的陨石中。晶体尺寸小于 0.5 毫米。反射光和正交偏光下拍摄。

图 5.5 2005 年发现的 NWA 2871 A 群陨石的镜下特征：彩色橄榄石和灰白色斜方辉石，等粒状结构（颗粒尺寸变化范围很窄），发育有 120°三联点。正交偏光下拍摄。（由 John Kashuba 提供。）

图 5.6 NWA 2235 是 2000 年发现的一块原始无球粒陨石，是一种由橄榄石和斜方辉石组成的粗粒聚集体，具有少量斜长石。铁镍金属占其组成的一半左右。样品的尺寸为 3.5 厘米。（标本由 Bruno Fectay 和 Carine Bidaut 提供，The Earth's Memory，meteorite.fr。）

图 5.7 在摩洛哥发现的 NWA 725 最初被归类为一块 A 群陨石，但最近的氧同位素研究表明它是一块 W 群陨石。陨石尺寸为 13 厘米。（标本由 Bruno Fectay 和 Carine Bidaut 提供，The Earth's Memory，meteorite.fr。）

图5.8 NWA 725切片,内部含有很多金属,这个陨石含有残余的球粒,这表明W陨石群实际上是变质的陨石(变质球粒陨石)。左边的立方体为1立方厘米。(图片由 Eric Twelker 提供,www. meteor-itemarket.com。)

二、来自小行星的无球粒陨石

(一) 钙长辉长无球粒陨石(Eucrite,EUC)

玄武质无球粒陨石:钙长辉长无球粒陨石
降落型及发现型数据统计:降落型为23块;发现型为193块
知名样品:Camel Donga,Ibitira,Millbillillie,Pasamonte

钙长辉长无球粒陨石(Eucrite)是最常见的无球粒陨石,约占所有已知无球粒陨石的5%,其中约3%为降落型。大约52%的 HED 陨石是钙长辉长无球粒陨石。它们闪亮的深棕色至黑色熔壳赋予它们玻璃般的光泽。Eucrite 缺乏球粒,说明这类无球粒陨石的历史不同于球粒陨石。Eucrite 由细粒的岩浆矿物碎屑组成。也就是说,这种在岩浆条件下形成的岩石很像地球玄武岩。Eucrite 的玄武岩与地球玄武岩相比并不完全一样。与地面玄武岩的深灰色相比,Eucrite 内部颜色为浅灰色。浅灰色单斜辉石和易变辉石将 Eucrite 内部色调调节得较浅。在地球上,玄武岩通常是黑色的,因为它由富铁的单斜辉石组成,使整个岩石呈深灰色至黑色。Eucrite 富含钙,它们是细粒火山岩,与在地球熔岩流中看到的火山岩相似,但与地球玄武岩化学性质不同。除了易变辉石这种占主导地位的辉石以外,其他矿物还包括富钙的斜长石,但由于缺乏液态水而不含水合矿物。

Millbillillie 是典型的 Eucrite 标本。在岩相显微镜下观察,可以看到明显的长条状长石。大块白色长条状斜长石与易变辉石相连。内部大部分都是由撞击其小行星母体被撞击而破碎的岩浆矿物碎屑组成的。

Eucrite 彼此之间很难区分。1984 年在澳大利亚西部的 Nullarbor 平原发现了一块名为 Camel Donga 的独特样品。与其他 Eucrite 不同,Camel Donga 由于存在少量铁金属而略微能被磁铁吸引,但与它化学性质几乎相同的 Millbillillie 就不会被磁铁吸引。

收集者可以利用磁铁判断这些样品。

几乎所有的 Eucrite 都表现出冲击熔融角砾岩的特征，只有一个例外。Ibitira 于 1957 年降落在巴西 Minas Grais 附近，并未角砾岩化。Ibitira 是唯一具有气孔构造的 Eucrite，其气孔平均大小约为 1 毫米。气孔占总体积的 5%～7%。

图 5.9～图 5.14 展示了一些 Eucrite 的照片。

图 5.9　Stannern 是 1808 年在捷克共和国降落的一颗 Eucrite，具有典型的闪亮黑色熔壳和浅色内部。这是一块单矿物角砾岩。样品的宽为 5.5 厘米。（标本由 Bruno Fectay 和 Carine Bidaut 提供，The Earth's Memory，meteorite.fr。）

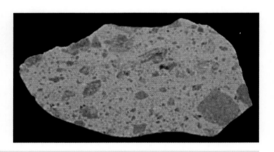

图 5.10　几乎所有的 Eucrite 都经历了角砾岩化。NWA 3368 是一块典型的复矿碎屑角砾岩。明暗交替的角砾的尺寸为几毫米到 20 毫米。这些碎屑分布在典型的浅色 Eucrite 基质中。样品的宽为 6.5 厘米。

图 5.11　这是一块新鲜的地球气孔玄武岩。注意无数的气孔分布在岩石中。整个岩石呈深灰色到黑色。

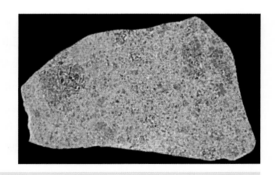

图 5.12　所有的 Eucrite 内部都呈浅灰色。这块复矿碎屑角砾岩 Millbillillie 的切片已经高度抛光，显示出暗色碎屑，其特征为具有大的片状白色斜长石。样品的宽为 4.3 厘米。

(a)   (b)

图 5.13 （a）通过岩相显微镜观察到的地球橄榄玄武岩薄片。长条状灰色叶片状晶体是斜长石。在长石之间是橄榄石和斜方辉石。（b）Millbillillie Eucrite 的薄片显示类似的长条状灰色斜长石和丰富的单斜辉石，证明 Eucrite 是玄武岩浆的产物。

图 5.14 与大多数 Eucrite 不同，1957 年落在巴西的 Ibitira 十分独特。它是唯一具有气孔构造和透明石英的陨石，气孔直径为 1 毫米以上。出于这个原因，一些研究人员认为它可能来自 Vesta 以外的母体。2011 年黎明号太空船到达灶神星时，可能会解决这个问题。切片的宽度为 30 毫米。

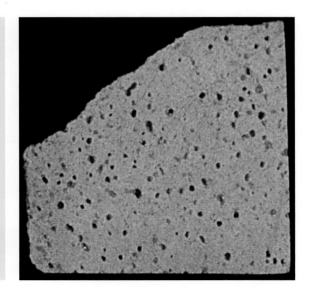

（二）古铜无球粒陨石（Diogenite，DIO）

玄武质无球粒陨石：古铜无球粒陨石
降落型及发现型数据统计：降落型为 11 块；发现型为 156 块
知名样品：Bilanga，Johnstown，Tatahouine

Diogenite 的名字取自公元前 5 世纪的希腊哲学家 Diogenes of Apollonia，他被认为是第一个提出陨石是来自于地球之外的人。它们的起源似乎是灶神星的地壳深处的深成岩。

矿物学上,Diogenite 是单矿物,主要由几乎纯粗粒斜方辉石(相对富含铁的紫苏和古铜辉石)和少量富含镁的橄榄石和斜长石(钙长石)组成。辉石的结构很容易通过简单地手持放大镜看到。大颗粒可能是在母体深部岩浆房中缓慢形成的。几乎所有的Diogenite 都是单矿物角砾岩。其中形态最好的是科罗拉多的 Johnstown 陨石,它是一块保存完好的样品,十分稀有。这块角砾岩由大小为 0.01～25 毫米的大型淡绿色角砾组成。Johnstown 在正交偏光下的图像让人惊叹。

Johnstown 是最知名和最受欢迎的 Diogenite 之一,这不完全是因为它的科学或商业价值。这颗陨石于 1924 年 7 月 6 日降落。当天下午,人们在约翰斯敦以西两英里的一座教堂前聚集进行葬礼仪式,突然间发生了一系列爆炸,随后黑色的石头降落。其中一颗在教堂门口被捡到。仪式结束后半小时,教堂的牧师捡起一块 15 磅的黑色石头。这样的告别仪式真是前所未有。

图 5.15～图 5.18 展示了 Diogenite 的图片。

图 5.15 1924 年在美国科罗拉多州发现的 Johnstown,它是保存最完好的 Diogenite 之一。巨大的紫苏辉石晶体分布在浅色的粗粒紫苏辉石基质中。这个切片宽为 5.4 厘米。

图 5.16 严重破碎的角砾状Diogenite,Bilanga 陨石于 1999年落在非洲。这种紫苏辉石陨石的剪切和破碎特征可以通过破碎和位错的暗层得到很好的注解。照片视域为 30 毫米。

图 5.17　Bilanga 陨石的薄片。视域中充满了各种尺寸的紫苏辉石。在右半部分，破碎的紫苏辉石碎片占据了大晶体之间的区域。正交偏光下拍摄。（由 John Kashuba 提供。）

图 5.18　Tatahouine 的完整薄片。巨大的紫苏辉石晶体之间可以见到冲击诱发的分裂线和裂隙。在较大的紫苏辉石之间充填着褐色的碎裂状紫苏辉石。正交偏光下拍摄。（图片由 John Kashuba 提供。）

（三）古铜钙长无球粒陨石（Howardite，HOW）

玄武质无球粒陨石：古铜钙长无球粒陨石
降落型及发现型数据统计：降落型为 20 块；发现型为 156 块
知名样品：Blalystok，Kapoeta，NWA 1929，Pavlovka

　　这类陨石以 19 世纪早期英国的化学家和陨石先驱爱德华·C.霍华德的名字命名，他于 1795 年秋天在历史悠久的沃尔德山谷（Wold Cottage）说服了那些持怀疑态度的科学家相信陨石确实是从天而降的。

　　就像其他 HED 一样，Howardite 很可能来自灶神星。它们是胶结的 Eucrite 和 Diogenite 的碎屑。它们都是复矿物角砾岩，通常含有含碳质球粒陨石的黑色碎屑和外来的包裹体。它们可能来自于造成灶神星南极巨大撞击坑的那次撞击形成的碎屑。这种粉碎的 Eucrite,Diogenite 和外来物的混合物形成了一个类似于月壤或小行星表土的物质。通过不断的小行星撞击产生了表土层,改造了小行星表面。无大气层星球的表土都是这么形成的。

与 Eucrite 一样,Howardite 具有黑色闪亮的熔壳,这是高钙成分(单斜辉石)的产物。Howardite 与 Diogenite 一样罕见。

图 5.19～图 5.22 展示了 Howardite 的照片。

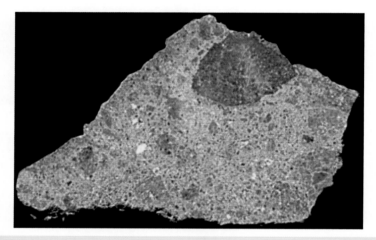

图 5.19　NWA 1929,2003 年在摩洛哥发现的 Howardite。主要由 Eucrite(玄武质)碎屑组成的角砾岩,其中含有较少比例的 Diogenite 和熔融碎屑。这颗陨石受到高度冲击和重结晶。视域宽度为 45 毫米。

图 5.20　Kapoeta,来自苏丹的 Howardite。内部有大量的 Diogenite 碎屑和白色的 Eucrite 碎屑以及相同组分的细粒物质。黑色颗粒是碳质球粒陨石的碎屑。

图 5.21　在正交偏光下看到的 Kapoeta 薄片,可以看到一个厚厚的 Howardite 区域(顶部和左侧)环绕楔形的碎屑(右)。它们之间有一个黑色环带,上面有针状辉石晶体充满整个冲击熔体层。视域宽度为 10 毫米。

图 5.22　Howardite NWA 2226 薄片。两种碎屑并置。在照片的左半部分是 Diogenite 碎屑,由大量的破碎的紫苏辉石细小碎屑组成。右半部分是一片玄武岩(Eucrite 质)熔岩流,由白色和灰色的长条状斜长石和五颜六色的单斜辉石组成。正交偏光下拍摄。(由 John Kashuba 提供。)

三、小行星成因无球粒陨石

（一）橄辉无球粒陨石（Ureilite，URE）

特征标本：Novo-Urei，1886 年在俄罗斯降落

Novo-Urei 的质量：1.9 千克

降落型及发现型数据统计：降落型为 5 块；发现型为 209 块

知名样品：El Gouanem，HaH 126，Kenna

1886 年，一些相当奇怪的陨石落在俄罗斯中部 Novo-Urei 村附近的一个农场。当地村民回收了 3 块降落在地面的陨石。一块质量为 1.9 千克的陨石在 Karamzinka 的 Alatyr 河左岸被发现；右岸也发现一块样品，之后被送到彼得罗夫卡，但随后失踪了；最后一块样品在 Novo-Urei 村农场南部的一片沼泽中被发现，随后也不幸失踪。（其中一块丢失的样品的命运是独一无二的——它被当地人吃掉了！）

橄辉无球粒陨石是最稀有的陨石之一。但在过去的 20 年中，它的数量从大约十几块增加到超过二百块。橄辉无球粒陨石是非常独特的，与其他无球粒陨石没什么共同之处。它是由橄榄石、单斜辉石（易变辉石）、铁镍金属和硫化铁（陨硫铁）组成的火成岩。研究人员已经识别出 3 种主要类型的橄辉无球粒陨石：橄榄石-易变辉石、橄榄石-斜方辉石和复矿物橄辉无球粒陨石。大多数橄辉无球粒陨石几乎完全不含长石。最有趣的特征是充满了颗粒之间的黑色不透明富碳物质的存在。它们是石墨，碳的低压同素异形体。六方晶系蓝丝戴尔矿，一种六边形金刚石，通常存在于裂缝中。1888 年，在 Novo-Urei 陨石中发现了金刚石。一些硅酸盐晶体显示出不同阶段的冲击作用。高压碳的存在强烈地表明，这些陨石受到的冲击足以将石墨转化为金刚石。因此，由石墨形成的金刚石意味着橄辉无球粒陨石具有剧烈的冲击历史。在室内照明（反射光线）下，切面显得黑暗而不透明，并且简单无趣。然而，在正交偏光下看到的橄榄石和易变辉石则显示出美丽的形态。

图 5.23～图 5.26 展示了橄辉无球粒陨石的图片。

图 5.23 像大多数的橄辉无球粒陨石一样，1991 年在澳大利亚发现的 Hughes 009 标本内部颜色较暗，主要由橄榄石和易变辉石组成。它还含有各种岩石和矿物碎屑，包括长石碎屑。风化区域为橙色。样品宽为 20 毫米。

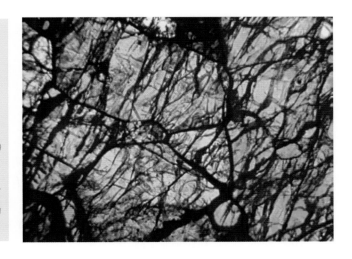

图 5.24 在薄片中，DaG 319 橄辉无球粒陨石中含有等粒的橄榄石晶体，受中等程度冲击作用而破裂。正交偏光下拍摄。（由 John Kashuba 提供。）

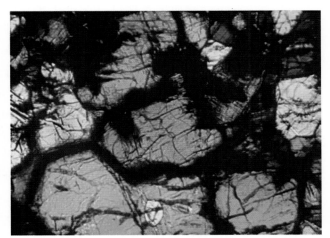

图 5.25 Dhofar 132 的薄片，彩色橄榄石晶体受化学风化影响发生变质。橄榄石通过与石墨反应生成的铁充填了陨石中的黑色区域和缝隙。请注意最左边中间的橄榄石 120°三联点。正交偏光下拍摄。（图片由 John Kashuba 提供。）

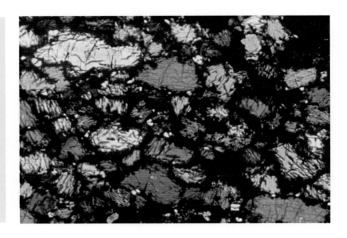

图 5.26 NWA 2624 的薄片，橄榄石的粗糙边缘（锯齿纹理）代表图 5.24 和图 5.25 中所见的变质的中间阶段。正交偏光照片。（由 John Kashuba 提供。）

（二）钛辉无球粒陨石（Angrite，ANG）

特征标本：Angra dos Reis，于 1869 年在巴西安哥拉杜斯雷斯降落

Angra dos Reis 的总质量：1.5 千克

降落型及发现型数据统计：降落型为 1 块；发现型为 9 块

知名样品：D'Orbigny，Sahara 99555

一个多世纪以来，Angrite 一直都是独一份的石质陨石。多年来，大部分陨石都丢失了，可能不超过 10%保存在各大博物馆中。里约热内卢国家博物馆保留了最大的样品（101 克）。连续 3 年（1986 年，1987 年和 1988 年）在南极冰原上发现了另外 3 块陨石。其中两个保存在休斯敦的约翰逊航天中心，还有一个标本保存于东京的国家极地研究所。1999 年 5 月，在利比亚撒哈拉沙漠发现了第五个该类型的样品。这块美丽的标本（Sahara 99555）是一块质量为 2.71 千克的单块陨石，它的最长尺寸约为 15 厘米，是世界上最大的 Angrite。从原始标本上切下了几块切片，但大部分仍保留在私人手中。Angrite 是由 3 种富含钙的原生矿物——斜长石（钙长石）、单斜辉石和橄榄石组成的超镁铁质火成岩。Sahara 99555 包含直径为数毫米的许多小气孔。这些空洞可能是岩石母体内岩石结晶之前形成的遗迹气泡。有趣的是，特征标本 Angra dos Reis 不同于其他的 Angrite，因为它是单矿物的，可能起源于与其他 Angrite 不同的母体。

1979 年 7 月，在布宜诺斯艾利斯南部一片田野上找到了一块新的 Angrite。它作为印第安文物在农场中保存了 20 年。然后，在 1998 年，该标本被怀疑是一块陨石。2000 年，样品被送到维也纳的自然历史博物馆，最终被证实是一块非常罕见的 Angrite，现在名为 D'Orbigny。原来的质量是 16.55 千克。

D'Orbigny 因其粗粒的内部结构而闻名。它与 Sahara 99555 一样拥有圆形的气孔，空洞内有附着薄层状橄榄石。大橄榄石晶体分散在整个样品内部，钙长石呈长条状。在薄片中，D'Orbigny 展示了一系列复杂的矿物排列，这些矿物晶体处于不同的生长状态。

图 5.27～图 5.29 展示了 Angrite 的照片。

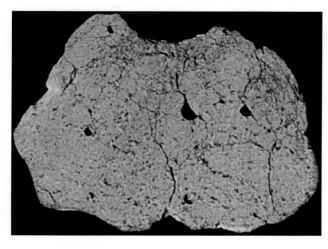

图 5.27 Sahara 99555 陨石是最古老的陨石之一，只比 CAI 略年轻。它的组成与 CAI 非常相似，表明它的母体富含 CAI。注意暗色部分为充填的孔洞。标本的宽度为 15 厘米。（标本由 Luc Labenne 提供，Labenne Meteorites，www.meteorites.tv。）

图 5.28 D'Orbigny 是有史以来发现的最大的 Angrite,具粗粒结构,内部的气孔和橄榄石晶体巨大。注意标本中心的球形气孔。标本的质量为 0.25 克。(图片由 Jeff Kuyken 提供,www. meteorites. com. au。)

图 5.29 D'Orbigny Angrite。黑色和多彩的橄榄石填充在许多白色和灰色斜长石(钙长石)晶体的中间和边缘。普通辉石晶体填充了斜长石之间的大部分空间。这个美丽的 Angrite 的惊人和复杂的特征是其岩浆来源的标志。(图片由 John Kashuba 提供。)

(三) 顽辉石无球粒陨石(Aubrite,AUB)

特征标本:Aubres,于 1836 年在法国降落

Aubres 的总质量:800 克

降落型及发现型数据统计:降落型为 9 块;发现型为 44 块

知名样品:Cumberland Falls,Norton County,Peña Blanca Spring

　　Aubrite 是唯一具有浅棕色熔壳的石质陨石,与其白色的内部形成对比。缺铁使得这些陨石的熔壳变成浅棕色。这是所有 Aubrite 的一个显著特征。陨石几乎是纯的硅酸镁。直到 1948 年,这些陨石都是石质陨石中最稀有的。之后,在 1948 年 2 月 18 日,内布拉斯加州诺顿县和堪萨斯州弗纳斯县发生了 100 多块的陨石降落事件。最大的一块重达 1 吨,第二块重达 59.6 千克。这块重达 1 吨的石头在阿尔伯克基新墨西哥大学的陨石博物馆永久陈列。

另一次降落事件发生在 1946 年,当时一颗陨石在得克萨斯州 Marathon 附近坠入一个名叫 Peña Blanca Spring 的小水池。人们反复潜入池塘,一共回收了七十多千克。值得注意的是,那之前的若干年(1919 年 4 月 9 日)发生了第三次的 Aubrite 降落,在肯塔基州的坎伯兰瀑布附近发现了 14 千克 Aubrite。

Aubrite 主要为含少量陨硫铁(FeS)、铁镍金属、斜长石(贫钙)、橄榄石和单斜辉石(透辉石)的无铁顽辉石无球粒陨石。它们与 E 型球粒陨石密切相关,都表现出高度的还原并且氧同位素组成相似。除了 1938 年在得克萨斯州发现的 Shallowater,其他的都为角砾岩。Shallowater 有火成岩特征。所有的 Aubrite 都必须小心处理,因为它们很容易破碎。

图 5.30~图 5.33 展示了 Aubrite 的图片。

图 5.30　诺顿县发现的这块 1 吨的 Aubrite 在阿尔伯克基的新墨西哥大学永久陈列。(图片由 Al Mitterling 提供。)

图 5.31　一块 Norton County Aubrite。这些非常罕见的无球粒陨石由几乎纯的顽辉石——一种镁辉石组成。其含有一些在地球上未发现的矿物,包括稀有的硫化物陨硫钙石和陨硫镁铁锰石。长对角线长为 4 厘米。

图 5.32 Peña Blanca Spring,一块来自得克萨斯州的 Aubrite。请注意不同大小的顽辉石碎片和被风化的褐色硫化物小斑块。对角线长为 3 厘米。(图片由 Anne Black 提供,www.impactika.com。)

图 5.33 Cumberland Falls。由两种棱角状碎屑组成,一种是十分破碎的浅色顽辉石,另一种是来自撞击 Aubrite 母体的小行星的非常深色的 LL 球粒陨体。该标本在史密森学会的美国国家陨石收藏库中保存。(图片由 Al Mitterling 提供。)

(四) B 群陨石(Brachinite)

特征标本:Brachina,1976 年在南澳大利亚发现
Brachina 的总质量:203 克
降落型及发现型数据统计:降落型为 0 块;发现型为 12 块
知名样品:Eagles Nest,NWA 595,NWA 3151,Reid 013

这些不寻常的陨石最先被归类为异常无球粒陨石,因为它们不适合任何已知的群。它们的矿物学特征非常简单,主要由粒状橄榄石组成(所有矿物颗粒具有大致相同的尺寸)。当第一次研究时,大多数陨石学家都认为 B 群陨石是纯橄无球粒陨石(Chassigny),这是一种来自火星的极其罕见的陨石。这是可以理解的,因为 Chassigny 由几乎纯的橄榄石组成。但是很快研究表明这两者并不相关。特别是 B 群陨石像大多数陨石般和太阳系一样古老(45.6 亿年),Chassigny 是一个更年轻的岩石(13 亿年),只是具有同样的橄榄石成分。B 群陨石像是地球上叫做纯橄岩的超镁铁质地幔岩。B 群陨石的约

90%是橄榄石,含少量其他成分,包括单斜辉石(透辉石)。陨石的总铁含量约为20%,其中大部分铁结合在含铁矿物中。

图5.34～图5.37展示了B群陨石的图片。

图5.34 Eagles Nest,一块来自澳大利亚的定向B群陨石,1960年,被一个勘探人员在一个鹰巢附近发现。这块完整的卵形石块含有中等粒度的等粒橄榄石晶体及较少量的斜方辉石和钠质斜长石。风化导致其具有了橙褐色。样品宽度为6.5厘米。(图片由Ken Regelma,天文研究网络的Martin Horejsi和David Weir提供,www.meteoritestudies.com。)

图5.35 NWA 3151是2005年在摩洛哥购得的一块B群陨石,具有0.7～1.6毫米粒径的等粒晶体。(图片由Greg Hupé提供,The Hupe Collection,www.LunarRock.com。)

图 5.36　NWA 3151 B 群陨石的一个薄片。这些毫米级的橄榄石晶体在岩浆房底部聚集生长。正交偏光下拍摄。（图片由 John Kashuba 提供。）

图 5.37　NWA 595，一块高度风化的 B 群陨石，在 2000 年被发现。这张完整薄片的照片显示了大量 0.5～1 毫米大小的橄榄石晶体，具有多角的等粒状结构。存在微量的斜方辉石、普通辉石和铬铁矿。层状外观可能是由于橄榄石晶体堆积在岩浆房底部形成。正交偏光下拍摄。

> 第六章
分异型陨石——行星及月球陨石 …

你可能还记得,几乎所有的球粒陨石都具有相似的结构、化学性质和 45.6 亿年的年龄。

当我们研究无球粒陨石时,我们发现了更多的变化。在太阳系最初几百万年的历史中,无球粒陨石或者完全熔融并分异为每个母体内的特定矿物区域,或者因为某些事件中断而发生部分熔融。加热可能发生在陨石母体生长的最初几百万年内。所以我们看到,球粒陨石和这些无球粒陨石的年龄大致相同。但也有一些非常不同的无球粒陨石,这些奇怪的陨石不是来自小行星带,而是来自火星和月球。

火星陨石分为 3 种类型,缩写为 SNC(发音为"snick")。1984 年发现了第四种类型,代表为来自南极阿伦山的一颗陨石,并被命名为 ALH 84001。稍后将会讲到更多关于这颗非常特殊的陨石的事情。SNC 是三种类型样本中每个样本名称的第一个字母:"S"代表辉玻无球粒陨石(Shergottite),以 1865 年落在印度比哈尔 Shergotty 镇附近的陨石命名;"N"代表辉橄无球粒陨石(Nakhlite),1911 年在埃及纳赫拉降落;而"C"则代表纯橄无球粒陨石(Chassignite),以 1815 年在法国 Chassigny 降落的一颗陨石命名。大多数 SNC 陨石被认为是形成于岩浆房底部的火成岩。

已知的火星陨石至少有 34 块[①],数量每年都在增加。这不包括成对的陨石,即来自同一次降落,但有不同的名字或编号。人们发现了不同类型的 Shergottite:目前有 10 个玄武质 Shergottite,8 个斑状橄榄石 Shergottite 和 6 个超镁铁质深成橄榄岩 Shergottite。此外,还有 7 个单斜辉石质的 Nakhlite,1 个斜方辉石质的 ALH 84001 和 2 个纯橄质的 Chassignite。在已知的 34 块火星陨石中,只有 4 块是降落型,它们分别是 Shergotty,Zagami,Nakhla 和 Chassigny。美国加利福尼亚州帕萨迪纳的喷气推进实验室提供了一个有关火星陨石的优秀网站:www2.jpl.nasa.gov/snc。

---

① 截至译稿前,火星陨石被命名数量为 211 块。——译者注

第一节　火星 SNC 陨石　　　　　　　　　　　　→

一、SNC—辉玻无球粒陨石

特征标本:Shergotty,1865 年在印度降落
Shergotty 的总质量:5 千克
降落型及发现型数据统计:降落型为 2 块;发现型为 22 块(不包括成对陨石)
知名样品:LA 001 与 LA 002(成对),Zagami

　　1999 年 10 月,两块大约 20 年前在加利福尼亚南部莫哈韦沙漠被发现的陨石被带到加利福尼亚大学洛杉矶分校,研究人员迅速地确定它们为陨石。但更重要的是,研究人员得出结论,它们是成对的火星陨石 Shergottite。他们得出这个结论是因为以下指标:首先,火星大气的气体同位素组成是独特的。其次,氢与重氢同位素的比值高,这是因为火星只有地球质量的 11%,不能靠引力留住向太空逃逸的较轻的氢,留下了较重的氘。他们的发现与 1976 年海盗号火星登陆器的测量结果一致。最重要的是,这些陨石的结晶年龄只有 13 亿年,远远小于小行星。它们的年龄与地球实验室的其他几个 Shergottite 的年龄相符。

　　所有 Shergottite 都显示出冲击造成的玻璃化倾向。它们的普通辉石和长石展现出波状至马赛克消光。这些冲击特征可以在 1962 年尼日利亚降落的名为 Zagami 的陨石中看到。Shergottite 是 SNC 组中最常见的类型,大多数具有玄武质的组分,主要矿物为易变辉石、普通辉石和熔长石。熔长石是一种斜长石质的玻璃,它是由冲击过程中通过冲击熔融使斜长石玻璃化而形成的。熔长石相约占 23%(体积分数)。它是各向同性的,这意味着在正交偏光显微镜下观察时,始终保持消光。(更多相关内容请见第十一章。)

　　Shergottite 的照片如图 6.1～图 6.4 所示。

图 6.1　1962 年在尼日利亚落下的 Zagami 陨石切片。在大约 300 万年前的一次冲击事件中,受到强烈冲击的玄武岩从火星溅射出来。它由 75% 的细粒易变辉石和普通辉石、18% 的熔长石和几种副矿物组成。除了具有冲击特征之外,它与地球玄武岩十分类似。标本宽度为 33 毫米。

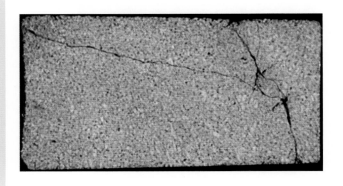

图 6.2　Sayh al Uhaymir（SaU）130 是 2004 年在阿曼发现的一块 Shergottite。它是一块斑状玄武岩，其中含有大量棕色橄榄石晶体，周围是浅色细粒的易变辉石和熔长石。标本最大宽度为 38 毫米。（由 Jim Strope 提供，www.catchafallingstar.com。）

图 6.3　SaU 008 薄片，与图 6.2 SaU 130 成对的 Shergottite。白色至橙色的长条状易变辉石双晶以及黑色熔长石被橄榄石的彩色斑晶包围。正交偏光下拍摄。最长尺寸为 16 毫米。（图片由 John Kashuba 提供。）

图 6.4　NWA 1950 是 2001 年在摩洛哥发现的一块二辉橄榄岩，是深成的超镁铁质岩石。它主要由橄榄石（体积分数约为 55%）加上贫钙和富钙辉石（约为 35%）组成。宽度为 34 毫米。（图片由 Jim Strope 提 供，www.catchafallingstar.com。）

二、SNC-辉橄无球粒陨石

特征标本:Nakhla,1911 年在埃及降落
Nakhla 的总质量:10 千克
降落型及发现型数据统计:降落型为 1 块;发现型为 8 块
知名样品:Governador Valadares，Lafayette

  直到最近,人们都只记录发现了 3 块 Nakhlite[①],分别是来自埃及的纳希拉(Nakhla)、来自美国印第安纳州的拉斐特(Lafayette)和来自巴西的瓦拉达里斯(Governador Valadares)。2000 年 12 月,在摩洛哥发现了一个 104 克的标本 NWA 817,使 Nakhlite 总数达到 4 个。同年,日本科学家在南极发现了一个巨大的 Nakhlite,总计 13731 克。又一块 Nakhlite,NWA 998 于 2001 年在摩洛哥被发现。这块 Nakhlite 非常重要,因为它与 ALH 84001 十分相似,这块神秘的陨石可能表明火星早期存在生命。它含有含水矿物和斜方辉石晶体。

  普通辉石是 Nakhlite 中主要的辉石堆晶矿物,它约占陨石总质量的 80%,并赋予石头内部绿色的色调。在薄片中,普通辉石颗粒是长条形,并且如同在 Shergottite 中的一样,经常呈简单的双晶。所有 Nakhlite 都含有被称为伊丁石的蚀变产物,这种蚀变产物经常在橄榄石中以脉体形式出现,是水存在的有力证据。与 Shergottite 和 Chassignite 不同,Nakhlite 只显示出轻微的撞击迹象。

  Nakhlite 的照片如图 6.5～图 6.8 所示。

图 6.5　NWA 998 的正面和背面,它有美丽的闪亮黑色熔壳(左图)和一个以普通辉石为主的内部(右图)。它含有含水矿物,佐证了火星曾经湿润并可能适合生命出现。样品高为 34 毫米。(图片由 Jim Strope 提供,www.catchafallingstar.com。)

①　现已有 21 块 Nakhlite(不考虑成对陨石)。

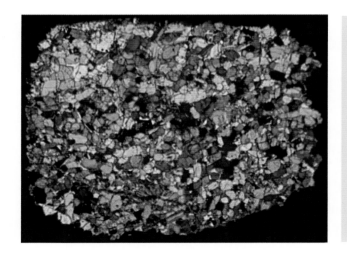

图6.6 NWA 998 的薄片全局照片,由等粒普通辉石组成。正交偏光下拍摄。(图片由 John Kashuba 提供。)

图6.7 NWA 998 的薄片中的细节。可以看到大量的普通辉石晶体。这些单斜辉石晶体可能在火星岩浆房底部积聚。注意双晶的两边不同的颜色。中央深灰色和蓝色细长晶体中细小的梳状亮线条是出溶片晶。(图片由 John Kashuba 提供。)

图6.8 NWA 817,一块带有深色熔壳的定向陨石。火星上水的作用已经部分地改变了这块 Nakhlite,使它们变成了蒙脱石。(图片由 Bruno Fectay 和 Carine Bidaut 提供,The Earth's Memory, meteorite.fr。)

三、SNC –纯橄无球粒陨石

特征标本：Chassigny，1815 年在法国降落
Chassigny 的总质量：4 千克
降落型及发现型数据统计：降落型为 1 块；发现型为 1 块
知名样品：Chassigny

在法国上马恩省的 Chassigny 村附近的那次降落事件是近两个世纪以来唯一一次 Chassignite 降落，并且那块陨石是唯一一块 Chassignite 样品。在矿物学上，它由约 90%的富铁橄榄石组成。当被发现时，它被误认为是同样由近 90%的富铁橄榄石组成的 B 群陨石。它类似于地球上的纯橄岩。纯橄岩是几乎全部由橄榄石和少量辉石以及斜长石和铬铁矿组成的橄榄岩。大部分的长石都受到了很高程度的冲击(S5)，并且以击变玻璃形态存在。

终于，2000 年 8 月在摩洛哥发现了第二块 Chassignite（NWA 2737），质量约为 600 克。它也是一块堆晶纯橄岩，非常像 Chassigny。陨石收藏家 Bruno Fectay 和 Carine Bidaut 从摩洛哥带来了几块神秘的黑色岩石，最初并没有将它们识别为陨石，因此就将它们收藏起来，以备未来研究。在 2004 年夏天，科学家对一小部分后来被叫做 NWA 2737 的石头进行分析。在获得正式名称之前，它们被称为 Diderot，以向 18 世纪的法国百科全书致敬。这些标本（总共 9 个）类似于地球上的纯橄岩，非常像 Chassigny。它们含有约 90%的富铁橄榄石、5%的单斜辉石和 1.7%的斜长石以及少量其他副矿物。NWA 2737 冲击程度很高(S5)，使得正常的黄色橄榄石变成蓝黑色。橄榄石中的这种变化此前没有被发现。它的结晶年龄是 13.6 亿年，与其他火星陨石非常相似，比任何球粒陨石都要年轻得多。

Chassignite 的照片如图 6.9～图 6.11 所示。

图 6.9 Bruno Fectay 和 Carine Bidaut 持有在摩洛哥沙漠中发现的新 Chassignite 样品。这块现在叫做 NWA 2737 的陨石最初叫 Diderot。（图片由 Bruno Fectay 和 Carine Bidaut 提 供，The Earth's Memory, meteorite. fr。）

图 6.10　NWA 2737，第二块 Chassignite。它于 2004 年被鉴定出来。（标本由 Bruno Fectay 和 Carine Bidaut 提供，The Earth's Memory，meteorite.fr。）

图 6.11　NWA 2737 中的一块，可以看到由强烈冲击（S5）产生的深色橄榄石。尺寸为 34 毫米。（图片由 Bruno Fectay 和 Carine Bidaut 提供，The Earth's Memory，meteorite.fr。）

四、ALH 84001

非 SNC 的斜方辉石陨石——ALH 84001
1984 年在南极洲的艾伦山被发现
ALH84001 的总质量：1.9 千克

　　火星和月球陨石几乎都与成功或者失败的非凡故事联系在一起。接下来说到的是世界上最著名的陨石，即南极陨石 ALH 84001。1984 年 12 月 27 日，当美国南极陨石回收小组的 Roberta Score 从冰原中收集到这颗陨石时，几位研究人员注意到它标志性的橄榄绿色，这表明它含有斜方辉石矿物——紫苏辉石。具体而言，仅从其颜色来看，它具有来自 HED 群的相对常见的 Diogenite 陨石的外观。因此它被归入了 HED 群。这块陨石在休斯敦的约翰逊航天中心存放了近 10 年，被贴上了错误的标签，并被遗忘。之后,在 1993 年,约翰逊航天中心的研究员戴维·米特菲尔德尔(David Mittlefehldt)仔细观察,发现它含有 Diogenite 中通常不会见到的微量矿物。进一步的研究表明,该陨石与 SNC 组有关,但其化学组成代表了一种新的类型。ALH 84001 有着独特的历史。它具有粗粒结构,表明它是从火星壳深处的熔体中结晶出来的,现在认为是在 Eos Chasma 地区(巨大的 Valles Marineris 峡谷的一个分支)。冲击使整个岩石中产生裂缝,然后,充满二氧化碳的水通过脉体进入并沉积形成碳酸盐矿物小球。小行星的撞击将 ALH 84001 溅射到内太阳系。在 1600 万年的时间里,这颗陨石穿越了地球的轨道,最终进入地球大气层,并在南极洲降落,在那里又等待了 1.3 万年才最终被人找到。这里的"人"是指大卫·S.麦凯(David S.Mckay)和埃弗雷特·K.吉普森(Everett K. Gibson)领导的一个由 9 名研究人员组成的小组,就是那个知名的"火星生命"发现的研究团队。

麦凯的团队研究了隐藏在绿色晶体内的奇特结构,发现碳酸盐沉积物与磁铁矿和硫化铁不太相关。它内部有与地球成分相似的有机化合物和奇怪的化石一样的结构,这些化石状的结构特别像 30 亿年前地球上的细菌化石。经过长达两年的紧张研究后,该团队于 1996 年 8 月 7 日向全世界宣布,他们已经在 ALH 84001 中发现了微生物生命的证据。碳酸盐沉积物引起人们极大的兴趣。这些沉积物是橙黄色的球体,平均粒径约为 50 微米,边缘有黑色和白色的镁和富铁层。在层与层之间,有微小的磁铁矿和硫化铁颗粒紧密结合。碳酸盐沉积物还含有被称为多环芳香烃(polycyclic aromatic hydrocarbons 或 PAHs)的有机化合物。多环芳香烃是有机大分子,通常与地球上的生命过程有关,它们形成于腐烂的有机物质。与此同时,麦凯的论文中提出了更具争议的观点,在碳酸盐中发现了细菌状结构,似乎与地球上的杆菌相同,只不过这些细菌状结构的大小只是地球上已知最小细菌大小的十分之一。

这场辩论还在继续,在载人飞船或无人飞船到达火星寻找证据,并将宝贵的火星岩石运回地球供进一步研究之前可能都没法得出结果。

ALH 84001 的照片如图 6.12~图 6.14 所示。

图 6.12 ALH 84001 是一块非 Shergottite 的火星陨石,被归类为斜方辉石型。这块颇具争议的石头仍然是独一无二的。它的质量为 1.9 千克。比例尺为 1 厘米^3。(由 NASA 提供。)

图 6.13　在 ALH 84001 中发现的约为 50 微米的碳酸盐球。一些锰质核心含有碳酸铁和硫化铁,类似于地球上原始细菌引起的矿物蚀变。在这些小球中发现了细菌状结构。(由 NASA 提供。)

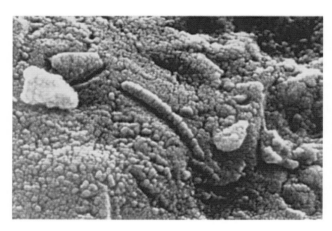

图 6.14　这些可能是"纳米细菌"的微小结构,可能是火星早期生命的证据。它们长为 20~100 纳米。(SEM 图像由 NASA 提供。)

第二节　月球陨石

斜长质月壤角砾岩

月海玄武岩

混合玄武岩

降落型及发现型数据统计:降落型为 0 块;发现型为 56 块[①]

知名样品:Calcalong Creek,DaG 400,Dag 482,SaU 169

　　1979 年 11 月 20 日,日本国家极地研究所的科学家无意中发现了第一块月球陨石(Yamato 791197),地点在南极大和山附近的冰原上。第二块月球陨石(Yamato 793169)在同一年被发现,也在大和山附近。1980 年又回收了一个标本(Yamato

────────

①　截至译稿前,月球陨石数量已达 345 块,且还在持续增加。——译者注

793274)。这些陨石最开始都没有被科学家认为是来自月球的陨石，直到 1982 年 1 月 18 日，在南极维多利亚地区的 Allan Hills 附近发现了第一块被识别出的月球陨石。它被命名为 ALHA81005。接下来的 8 年里，在南极洲又发现了 4 块月球陨石。然后，在 1990 年，亚利桑那州图森的美国陨石收藏家罗伯特·A.哈格（Robert A. Haag）成为第一个在南极洲以外寻找月球陨石的人。哈格收到了澳大利亚西部威鲁纳附近的原住居民陨石猎人收集的一批陨石（Millbillillie Eucrite）。在陨石中，哈格注意到了一块非常不同的岩石。我们之前已经知道，Eucrite 呈现出与球粒陨石非常不同的外观，而这个样品有 Eucrite 闪亮的熔壳，浅灰色的内部和很少的单质铁含量，这些都表明它似乎是一块 Eucrite。然而，这个仅为 19 克的小样品看起来与哈格曾见过的著名月球陨石 AL-HA81005 十分相似。他将他的陨石带到了图森亚利桑那大学的月球与行星科学实验室。在接下来的几个星期里，威廉·博因顿博士和他的工作人员证明，这颗陨石不是 HED 群无球粒陨石，而是第一颗非南极月球陨石。它被以澳大利亚的地名 Calcalong Creek 命名。

一、斜长质月壤角砾岩

月壳基本上由两种岩浆成因的地形组成：月球高地和包括冲击盆地的月海洼地。在月球和地球上发现的大多数月球岩石都是斜长岩，它们是来自高地的岩石，主要是单矿物火成岩，主要由钙长石矿物组成，富铝贫铁。在月球上，高地岩石的 75%～80% 是月壤角砾岩。

1998 年，在利比亚沙漠中发现的名为 Dar al Gani（DaG）400 的陨石就是一个很好的例子，它是迄今发现的最大的月球陨石，重达 1425 克[①]。斜长石的白色碎屑在破碎的黑色基质中很容易识别。玄武质的黑色碎屑分布在整个岩石中。深色玻璃可能是长石受到强烈冲击的结果，脉体中充满了地球上的碳酸盐岩，是多年风化的结果。DaG 400 有时也被称为长石质月壤角砾岩、冲击熔融角砾岩、高地月壤角砾岩或简单地被称为月壤角砾岩。这种混乱的称呼源于不同学科的研究人员采用的不同分类方法。DaG 400 可以根据其化学成分（富铝）、矿物学（长石）、结构（角砾岩）或岩石学（斜长质）进行描述。在本书中，我们只是根据岩石学和在月球中的位置，即高地或月海来称呼这些岩石。

二、月海玄武岩

在月球形成初期，原始月球遭受了一次灾难性的轰炸。月球的外壳几乎被撞毁，变成了一堆碎石。大型物体（可能是主带小行星）的撞击大约在 39 亿年前突然停止，并留下巨大的圆形撞击坑。在 40 亿年至 32 亿年前，这些巨大的盆地充斥着溢流的玄武质岩

---

① 截至译稿前，已有数块月球陨石单块质量大于 1425 克，如 NWA 11474 单块质量为 2800 克，NWA 12279 单块质量为 1830 克等，目前发现单块质量最大的陨石为在西撒哈拉和阿尔及利亚交界沙漠地带发现的 NWA 12760，重 58 千克。——译者注

浆,这些岩浆结晶形成月海玄武岩,这可能是由于冲击破碎一直延伸到地幔,从而为地表提供了岩浆通道。这些剧烈的活动在大约 13 亿年前结束。月球正面约 17% 被月海覆盖。月球背面的月海很少,大部分为大型撞击坑。

月海玄武岩为黑色结晶火成岩,主要由富铁辉石、橄榄石、钛铁矿和斜长石组成。它们的铝含量低,从而反衬出更高亮度的月球高地来。根据化学成分的差异,研究人员将月海玄武岩进一步细分。

三、混合角砾岩

考虑到月球的冲击历史,大多数月球岩石是角砾岩也就不令人惊讶了。当我们知道许多角砾岩都含有高地斜长岩和玄武岩碎片时,也不应该感到吃惊。这个新近归类的陨石群包含 11 块月球角砾岩,分类为混合角砾岩,包括著名的 Calcalong Creek。它由 50% 的斜长岩和 35% 的玄武岩与其他月海矿物组成,可以看成两种类型之间的过渡。

图 6.15～图 6.24 展示了月球陨石的照片。

图 6.15 ALHA 81005 是第一个被识别出的月球陨石,被发现于南极洲。这是来自月球高地的斜长质月壤角砾岩。(由 NASA 提供。)

图 6.16 在澳大利亚发现的 Calcalong Creek 月球陨石是第一个被私人收藏家发现的陨石。这是一个由高地和月海碎片混合而成的角砾岩。(由 Jim Strope 提供,www.catchafallingstar.com。)

图 6.17 DaG 400 是迄今为止发现的最大的月球陨石，它是月球高地斜长质月壤角砾岩。浅色的斜长质角砾、黑色玄武质碎屑和玻璃分散在暗色破碎的基质中。研究表明它可能来自月球的背面。标本的宽度为 6 厘米。（摄影：Geoffrey Notkin/Aerolite.org，© The Oscar E. Monnig Meteorite Gallery。）

图 6.18 Mike Farmer 展示了他的月球陨石 NWA 482。该陨石可能于 2000 年在阿尔及利亚被发现，它是一块非常新鲜未经风化的石头，切割前重达 1015 克。

图 6.19 NWA 482 是一块受到冲击的月球高地岩石，是斜长质的冲击熔融复矿物角砾岩。请注意深色玻璃质熔脉和熔囊。浅色的斜长质碎屑散布在细粒的斜长石基质中。样品的宽度为 8 厘米。（图片由 Mike Farmer 提供，www.meteorite-hunter.com。）

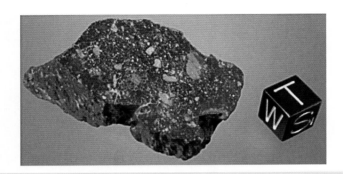

图 6.20　月球角砾岩 NWA 4472。该陨石由不同种类型和大小的浅色至深色的玄武岩碎片组成。许多较小的碎片是辉石、橄榄石、斜长石、金属(包括铁纹石和镍纹石)、陨硫铁和许多其他矿物的破碎晶体。比例尺为 1 厘米^3。(图片由 Greg Hupé 提供，Hupé Collection，www.LunarRock.com。)

图 6.21　2000 年在摩洛哥发现的一块 NWA 032，一种橄榄石-辉石月球玄武岩。黄白色矿物是破碎的橄榄石。基质由辉石和铬铁矿的小晶体组成。(图片由 Bruno Fectay 和 Carine Bidaut 提供，The Earth's Memory，meteorite.fr。)

图 6.22　2000 年在西撒哈拉发现的 NWA 773。这块来自月球高地的陨石被归类为月壤辉长岩，由两块大岩屑组成，分别是橄榄石辉长岩岩屑和深灰色月壤角砾岩岩屑。(标本由 Marvin Killgore 提供。)

图 6.23　NWA 2727（与 NWA 773 成对）。一块含有两个灰色玄武岩碎屑和丰富的辉长岩碎屑的月壤角砾岩。宽度为 20 毫米。（图片由 John Kashuba 提供。）

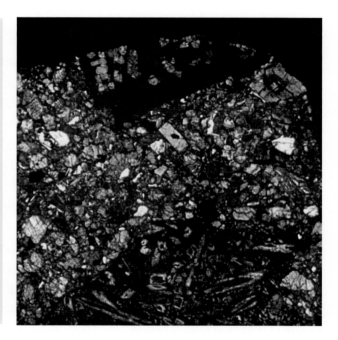

图 6.24　图 6.23 中 NWA 2727 右半部分的低倍率薄片照。黑色的区域是玄武岩的两个岩屑，含有丰富多彩的辉石破碎晶体。玄武岩碎屑之间富含丰富的辉石和钙长石晶体碎片。正交偏光下拍摄。（图片由 John Kashuba 提供。）

相关网站　→

www.curator.jsc.nasa.gov/antmet/lmc/LMCIntro.pdf.
www.meteoris.de/luna/list.html.

第七章
分异型陨石——铁陨石 ···

在第四章中,我们首先研究了球粒陨石。我们知道它们是太阳系中最原始的物体之一,其中许多都含有球形硅酸盐,被称为球粒。它们是相对简单的物质,仅由少数最早从太阳星云凝结出来的矿物组成。除了球粒以外,包围这些球体的基质中还包含着微小的金属颗粒,主要是铁镍合金。这些是与其他难熔晶粒一起在太阳星云内熔化重结晶的金属颗粒的前身。随着时间的推移,这些球粒质星子的体积越来越大,这些小星子相互碰撞融合成更大的星子。当星子直径为 6~200 千米时,球粒质母体就会熔融和分化,形成一个包含壳、幔和核的层状行星体。灶神星就是这样一个分化的例子。

在这些小行星母体演化的早期,壳和幔开始被进一步冲击剥离,暴露出它们的金属核心。数百万年持续的撞击必定已经完全剥去了很多小行星核外的幔和壳。M(M 意为金属)型小行星 16 Psyche 是一颗十分有名的小行星,它表现出平坦无特征的光谱,反射了大约 10% 的光线。目前,我们只能从很远的距离观察这些金属物体,因为分异型小行星的核心是无法进入的,除非它被另一个物体完全撞击破碎。几个世纪以来,我们只能通过从天上掉下来的铁块来研究它们。如果无球粒陨石来自其他世界的壳和幔,那么铁陨石就代表这些世界的深层物质,它们是分异小行星的铁质核心。

第一节　铁镍合金陨石　　　　　　　　　　　　　　　　　　　→

在铁陨石中发现的两种最重要的铁镍合金是铁纹石(α-铁)和镍纹石(γ-铁)。这两种矿物属于等轴晶系六面体(立方)晶体。在金属熔体中,随着液态金属在 1370 ℃ 以下冷却,铁纹石和镍纹石开始形成。合金的形成取决于熔体的镍含量、结晶时的温度和冷却速率。当温度降低到 900 ℃ 以下时,两者共同分成 3 个区域。图 7.1 显示了一个铁镍稳定性相图,该图预测了各种温度和镍含量下的铁纹石、镍纹石和铁纹石 + 镍纹石的 3 个稳定区。在 900 ℃ 以上,只有镍纹石相的铁镍合金是稳定的。但随着温度继续下降,转变为镍纹石 + 铁纹石或单独的铁纹石,这取决于合金中镍的质量分数。对于含有超过约30%镍的熔体,仅存在镍纹石结构。镍的扩散在铁纹石形成之前就已经停止。在含有5%镍的熔体的铁纹石端或者低镍端,在扩散停止之前,所有的镍纹石都变成了铁纹石。当镍含量为6%～13%时,矿物组合物含有两种合金,即两种合金共生。

我们为什么要关心这些合金的稳定性?因为这种成分上的差异导致了可见的结构差异,并可以以此对铁陨石进行分类。多年来,陨石学家设计了两种铁陨石的分类方法。较早的方法基于铁陨石被抛光和蚀刻后出现的特征晶体图案。然而,该方法只适用于八面体铁陨石,它是最常见的铁陨石类型,含有6%～13%的镍。蚀刻时,陨石显示出与镍富集相共生的铁纹石片层的特征图案。铁纹石条带的宽度将八面体分成6个结构亚群。

自20世纪50年代中期以来,铁陨石的化学分类方法逐渐成熟,其涉及测定少量样品中微量元素如镓、锗和铱的含量。将这些微量元素的浓度与总镍含量在对数坐标下作图,最初分为4个群,但现在有14个不同的群用罗马数字和字母标记[①]。每个化学群被认为起源于同一个母体。表7.1比较了铁陨石的结构和化学分类。

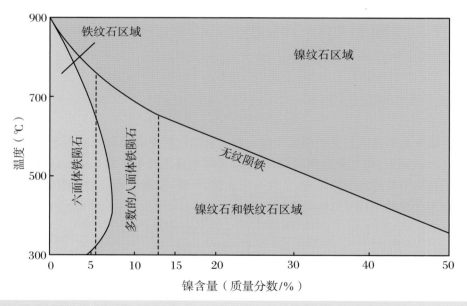

图7.1 铁镍稳定性相图显示了不同温度和镍含量的铁纹石、镍纹石和铁纹石+镍纹石的3个稳定区。

---

① 现在分为13个化学群,ⅠAB和ⅢCD合并为ⅠAB群。——译者注

表 7.1　铁陨石的结构分类和相关的化学群

结构类型	结构	铁纹石条带宽度（毫米）	镍含量(%)	相关化学群
六面体（HEX）	纽曼线	>50	4.5~6.5	ⅡAB，ⅡG
八面体（O）	维斯台登纹			
	极粗八面体（Ogg）	3.3~50	6.5~7.2	ⅡAB，ⅡG
	粗粒八面体（Og）	1.3~3.3	6.5~8.5	ⅠAB，1C，ⅡE，ⅢAB，ⅢE
	中粒八面体（Om）	0.5~1.3	7.4~10.3	ⅠAB，ⅡD，ⅡE，ⅢAB，ⅢF
	细粒八面体（Of）	0.2~0.5	7.8~12.7	ⅡD，ⅢCD，ⅢF，ⅣA
	极细八面体（Off）	<0.2	7.8~12.7	ⅡC，ⅢCD
	过渡（Opl）	<0.2，纺锤体	铁纹纺锤体	ⅡC，ⅡF
富镍无结构（D）		无	>16.0	ⅡF，ⅣB

第二节　铁陨石的化学分类

一、ⅠAB群（125块）

那些最著名的铁陨石几乎都属于这一群。它们包括亚利桑那州陨石坑著名的 Canyon Diablo 铁陨石，得克萨斯州的 Odessa 以及阿根廷无处不在的 Campo del Cielo。大多数是粗粒到中粒的八面体结构，常含有陨硫铁、石墨、陨碳铁和一些硅酸盐包体。它们是通过撞击分裂的小行星母体而形成的碎片。

二、ⅠC群（11块）

这个群主要由粗粒八面体陨石组成。大多数ⅠC成员都含有丰富的黑色包裹体，缺失硅酸盐包裹体。ⅠC铁陨石具有较低的微量元素砷和金。著名的ⅠC群陨石有 Arispe。

三、ⅡAB群（106块）

这是一个颇具代表性的铁陨石群。它们在结构上为六面体或最粗粒八面体并发育丰富的纽曼线。微量元素丰度研究表明它们可能形成于 C 型小行星（CM 碳质球粒陨石母体)的核中。知名的样品有 Braunau，Lake Murray 和 Sikhote-Alin。

四、ⅡC 群（8 块）

这个群中大部分是具有小于 0.2 毫米的铁纹石带宽的过渡型八面体。在两条铁纹石条带之间也可以观察到合纹石。ⅡC 群可能是最细的八面体陨石，或者叫过渡型八面体。

五、ⅡD 群（17 块）

该群代表中粒到细粒八面体，含有陨磷铁镍矿（铁镍磷化物）包体以及大量微量元素。Hraschina 和 Elbogen 是典型的 ⅡD 陨石。

六、ⅡE 群（18 块）

该群大部分都是粗粒到中粒八面体，含有大量的硅酸盐包体，这些包体通常呈凝结的液滴状。ⅡE 陨石并不来自小行星的核，而是由冲击事件引起的部分熔融和加热的产物。它们似乎与 H 群普通球粒陨石密切相关，并且它们有可能起源于相同的母体——主带小行星 6 Hebe。著名的该类型陨石有来自澳大利亚的 Watson 和 Miles。

七、ⅡF 群（5 块）

从结构上讲，ⅡF 群属于过渡型的八面体或富镍无结构型。它们富含镍，含有大量的微量元素，表明它们形成于分异的小行星核部。ⅡF 群的组成与鹰站橄榄陨铁（Eagle Station pallasites）的组成相似，并且它们可能来自同一母体。著名的 ⅡF 群陨石有 Del Rio 和 Monahans(1938)。

八、ⅡG 群（5 块）

从结构上讲，ⅡG 群是六面体或极粗粒八面体。在结构和元素组成方面，它们类似于铁陨石 ⅡAB 群，但它们的镍更少并且含有约占切面面积 15% 的陨磷铁镍矿异常条带。Bellsbank 和 Guanaco 就是两个典型的例子。

九、ⅢAB 群（233 块）

这是所有铁陨石群中最大的一支，分为两个亚群。与 ⅢA 亚群成员（主要是粗粒八面体）不同，ⅢB 铁陨石通常为中粒八面体。它们的结构和元素组合为连续的序列，表明有共同起源,可能在小行星核部的不同区域。

一些ⅢAB铁陨石含有大量的陨硫铁和石墨结核,但硅酸盐包体相对较少,这很奇怪,因为最近的研究表明它们与富含硅酸盐的橄榄陨铁主群之间存在密切关系。ⅢAB铁陨石代表核部的碎片,而主群的橄榄陨铁则是这个母体核/幔边界的样品。ⅢAB群的几个主要成员包括有史以来发现的一些最大的铁陨石:Cape York,Chupaderos,Morito和Willamette。

十、ⅢCD 群^①(42 块)

该群主要属于细粒和极细粒八面体和无结构铁陨石。ⅢCD 群中的一些含有大量与ⅠAB 铁陨石相似的硅酸盐包裹体。它们是通过撞击分异小行星母体而形成的,并且可能起源于与 W 群陨石相同的母体。著名的成员有 Carlton,Morasko,富含硅酸盐的 Maltahöhe 以及最大的铁陨石之一、异常富含陨硫铁的 Mundrabilla。

十一、ⅢE 群(13 块)

类似于ⅢAB 群的铁陨石,该群是粗粒八面体。ⅢE 群的特征是具有较短的铁纹石条带和大量非常硬的白色铁碳化物陨炭铁(haxonite)。ⅢE 群中最著名的成员是 Armanty^②,一块来自中国的质量达 28 吨的中粒八面体铁陨石。

十二、ⅢF 群(8 块)

大部分ⅢF 铁陨石属于中粒到细粒八面体,镍含量低。ⅢF 铁陨石铬含量高,钴和陨磷铁镍矿含量低,且含有非常少的陨硫铁。知名样品包括 Klamath Falls 和 St. Genevieve County 铁陨石。

十三、ⅣA 群(65 块)

大部分ⅣA 陨石都是细粒八面体。一些ⅣA 铁陨石中含有稀疏分布的陨硫铁和石墨的小结核。ⅣA 群可能形成在已经分异的小型小行星的核部,该小行星在形成后不久就受到重大冲击而中断分异,并在大约 4.5 亿年前再次受到破坏。这个群有一个重要且不寻常的成员,就是富含硅酸盐的 Steinbach 铁陨石,它由几乎等量的ⅣA 镍铁基质和红色硅酸盐组成。这些硅酸盐是辉石和罕见的鳞石英(高温相的石英)的混合物。该群中的著名成员还有 Gibeon 铁陨石。

---

① 现在ⅢCD 已经和ⅠAB 合并为ⅠAB。——译者注
② Armanty 是新疆铁陨石 Aletai 的国际名称,俗称"银骆驼",现存于新疆地质矿产博物馆。——译者注

十四、ⅣB群（13 块）

这个群的成员极富镍，属于富镍无结构型。然而，在较大的放大倍数下观察，ⅣB铁陨石显示出铁纹石和镍纹石共生的合纹石特征。著名的成员有 Hoba 和 Cape of Good Hope。

十五、末分类铁陨石（＞110 块）

大约有 15% 的铁陨石不适于 14 个化学群分类的任何一个，仅被归类为未分类的铁陨石。它们可能代表不同的母体。有超过 110 个未经过化学分类的铁陨石。众所周知的例子是重达 22 吨的 Bacubirito 铁陨石。

第三节　铁陨石的结构分类

一、六面体型铁陨石

类型：六面体型铁陨石（Hexahedrite，HEX）
主要结构：纽曼线，立方结晶，带宽＞50 毫米，密度大约为 7.9 克/厘米³
知名样品：Calico Rock（含镍为 5.45%）

六面体型铁陨石是那些晶体结构中含有最少镍的陨石，通常镍含量为 4.5% ～ 6.5%。当铁纹石结晶时，它形成立方晶体，其全部六个面相同且彼此成直角。因此它的晶体形状是六面体。六面体铁陨石实际上是大块铁纹石，当它们进入地球大气层时，经常沿着晶面裂开。从表面上看，六面体除了立方体形状以外几乎没有结构形式，但是如果将六面体晶体仔细研磨并将其中一面平整抛光，然后用硝酸或氯化铁蚀刻（参见附录 D 了解正确的蚀刻步骤），将会出现一些结构，这是识别六面体铁陨石的必要条件。这种结构叫纽曼线（又称诺伊曼线），而弗朗茨·欧内斯特·纽曼（Franz Ernest Neumann）是第一个描述这些线条的人（1848 年）。这些线条是横截面中 1～10 微米宽的细小平行线，它们生长在铁纹石晶面上。这些细线肉眼不可见，但是如果陨石在太空中遭受强烈的机械冲击（大多数陨石都会这样），薄弱点通常会沿着与六面体平行的几个冲击平面滑动。

图 7.2～图 7.4 为六面体铁陨石的照片。

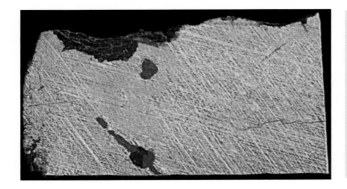

图 7.2　Calico Rock 是一块 ⅡAB 群的六面体铁陨石,于 1938 年在阿肯色州被发现,质量为 7.3 千克。它的形状几乎完全是矩形(一个立方晶体)。该标本完全由三组平行的纽曼线覆盖,切片最大宽度为 47 毫米。

图 7.3　1951 年在得克萨斯州发现的一块 ⅡAB 群六面体铁陨石 Richland(此前被叫做 Fredericksburg)。Fredericksburg 之前被认为是一次独立的降落,但现已被证明与 Richland 相同,尽管它们相距 300 千米,但这无疑是由于人为移动。该切片尺寸为 120 毫米×63 毫米。

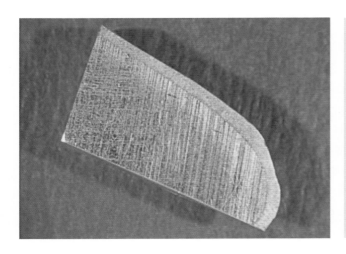

图 7.4　Boguslavka ⅡAB 群六面体铁陨石。这块单一的六面体晶体显示出三组纽曼线。注意因在通过大气的过程中受热而产生的重结晶外层。样品尺寸为 24 毫米。(样品由中西部陨石的 Tim Heitz 提供。)

二、八面体型铁陨石

类型:八面体铁陨石 Octahedrite(O)

亚群:

极粗粒八面体(Ogg):Lake Murray,Sikhote-Alin

粗粒八面体(Og):Canyon Diablo,Odessa

中粒八面体(Om):Henbury,Cape York

细粒八面体(Of):Gibeon

极细粒八面体(Off):Glen Rose

过渡型八面体(Opl):Taza(NWA 859)

主要结构:维斯台登(汤姆孙)纹,铁纹石条带上的纽曼线

　　铁纹石与镍纹石的共生会产生陨石中最显著和最美丽的结构——维斯台登纹。这种八面体特征十分奇妙。威廉·汤姆孙(William Thomson)于 1804 年在那不勒斯首先发现了这种八面体图案,四年后在维也纳又被阿洛伊斯·冯·维斯台登(Alois von Widmanstätten)独立发现。汤姆孙试图用硝酸作为防腐剂来防止 Pallas 石铁陨石生锈,但这一防锈工作并未奏效,酸反而腐蚀了标本,显示出这种八面体的图案。冯·维斯台登伯爵在 1808 年调查铁陨石的性质,在他用煤气喷灯加热一块八面体铁陨石时,意外地发现了这种图案。在加热过程中,铁纹石和镍纹石以不同的速度氧化,从而形成这个图案。

　　随着铁纹石逐渐从面心立方结构变为体心立方结构,铁纹石在它的特定位置生长。在图 7.5 中,我们看到六面体形态的镍纹石三轴等距。铁纹石通过以 45°角截取立方体的角顶开始在镍纹石晶体上生长。随着铁纹石生长的继续,八个截角最终在立方体相对两侧的三个轴上相遇。形成的新晶体是由八个等边三角形组成的八面体双锥形图形。这种新的晶体形态仍然以立方体为基础,它被称为八面体,并被用来命名最常见的铁陨石。

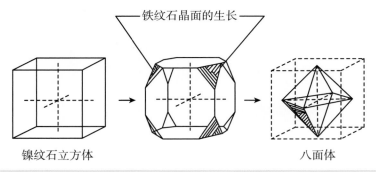

铁纹石晶面的生长

镍纹石立方体　　　　　　　　　　　　　　八面体

图 7.5　随着镍含量的增加,铁镍的立方晶体形态从六面体(铁纹石)变成八面体(镍纹石)。在六面体的角顶生长新的面并替换立方体的面。

大多数陨石学家仍然使用基于维斯台登结构或铁纹石的宽度决定的结构分类方案，这反过来又取决于总体镍含量。八面体分类由 6 个亚群组成：Ogg（极粗粒，图 7.6，图 7.7），Og（粗粒，图 7.8～图 7.12），Om（中粒，图 7.13～图 7.15），Of（细粒，图 7.16～图 7.19），Opl（过渡型，图 7.20，图 7.21）。[①]

八面体结构的铁陨石是铁陨石中最丰富的，从极粗粒到极细粒不一而足。最粗的条带具有最低的镍含量，但是每个亚群的镍含量都有明显的重叠。除了最细的亚群之外，还有一些过渡型的八面体。合纹石是一种细粒状的铁纹石和镍纹石混合物。当镍含量达到约 13% 时，维斯台登结构被更细粒的纺锤体取代，它们会形成合纹石，这是一种无结构的镍纹石，镍含量超过 16%。

图 7.6～图 7.21 为八面体结构的铁陨石的照片。

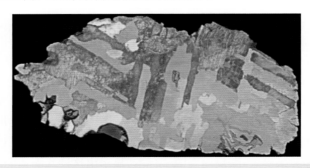

图 7.6 Lake Murray，带宽为 10 毫米的 ⅡAB 型 Ogg 铁陨石。这颗陨石在 1933 年被发现于美国俄克拉荷马州 1.1 亿年历史的下白垩纪岩层中。它拥有迄今为止所有已知陨石的最古老的居地年龄。请注意在左下方的、围绕着陨硫铁结核的铁纹石。个别晶面具有纽曼线。标本的宽度为 23 厘米。

图 7.7 1896 年在墨西哥的索诺拉发现了 Arispe 铁陨石，一块 ⅠC 型 Og 铁陨石。带宽为 2.9 毫米。一些铁纹石条带显示出纽曼线。标本最长的尺度为 5.2 厘米。

---

① 极细粒小面体（Off）在原著中未提及。——译者注

图 7.8 亚利桑那州北部巴林杰陨石坑附近发现的ⅠAB型 Og 铁陨石 Canyon Diablo。请注意在这个 3.18 千克标本上发育有良好的气印,其边界清晰。小的橙红色斑块是地球风化的产物。

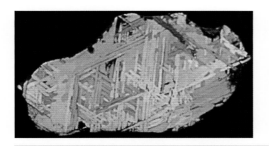

图 7.9 1776 年在墨西哥 Xiquipilco 发现的ⅠAB型 Og 铁陨石 Toluca。带宽是 1.4 毫米。样品平行于八面体晶面被切割,可以看到呈 60°和 120°角的维斯台登纹。请注意右上方的铜黄色细长陨硫铁包体。标本最长尺寸为 10 厘米。

图 7.10 ⅠAB 型 Og 铁陨石 Campo del Cielo。于 1576 年在阿根廷被发现。带宽是 3.0 毫米。黑色的斑点是这种陨石中常见的硅酸盐包体。注意在暗处的纽曼线。标本长度为 11 厘米。

图 7.11 1922 年在得克萨斯州 Ector County 发现的著名的ⅠAB型 Og 铁陨石 Odessa 的一个切片。陨磷铁镍矿围绕着不同大小的深色石墨包体。标本尺寸为 8 厘米×7.3 厘米。

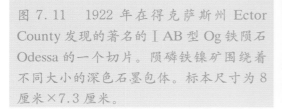

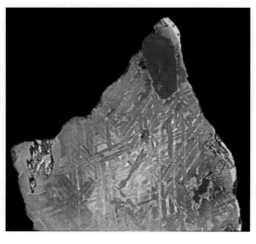

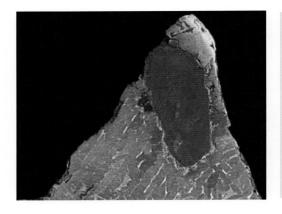

图 7.12 详细展示了图 7.11 中的 Odessa 的石墨结核。结核被陨磷铁镍矿包围。这种矿物以前被称为 Rhabdite。标本尺寸为 2.4 厘米×1.5 厘米。

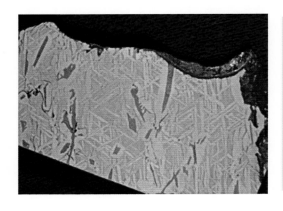

图 7.13 1949 年在秘鲁发现的ⅢB 型 Om 铁陨石 Tambo Quemado。它含有 8% 的镍，铁纹石带宽为 0.7 毫米。这块陨石可能在过去的某个时候被加热到约 1000 ℃，以至于陨磷铁镍矿包体熔化（中度铜黄色）。视域宽度为 6.5 厘米。

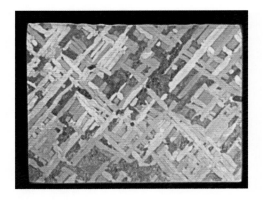

图 7.14 1818 年在格陵兰发现的ⅢAB 型 Om 铁陨石 Cape York 的切片。该样品来自那块著名的质量约为 15 吨的 Agpalilik 陨石。带宽为 1.2 毫米。请注意，一些长方形的合纹石（黑色区域）在铁纹石条带之间。标本宽为 5.8 厘米。

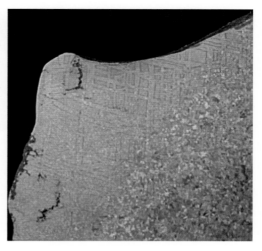

图 7.15　1969 年在墨西哥发现的ⅢAB型 Om 铁陨石 Zacatecas，右下角表现出冲击受热重结晶的现象。它含有 5.9% 的镍。带宽为 0.7 毫米。标本大小为 7 厘米×7 厘米。

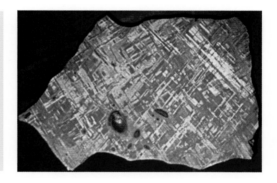

图 7.16　1838 年在纳米比亚发现的ⅣA型 Of 铁陨石 Gibeon。铁纹石条带宽度为 0.3～0.5 毫米。镍含量为 7.9%。其散落带面积为 70 英里×230 英里，呈南东-北西向分布。已发现的 Gibeon 总质量超过 25 吨。没有找到陨石坑。Gibeon 是最重要的八面体陨石之一。标本宽为 17.5 厘米。

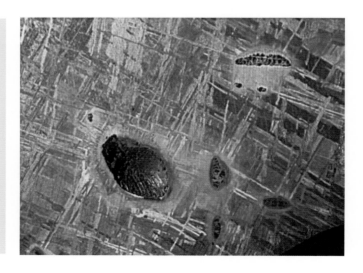

图 7.17　图 7.16 中的 Gibeon 切片的细节。大型黑色包体是一个空心的陨硫铁结核，表明其经历过部分熔融。结核尺寸为 1.4 厘米。图像宽度为 6.5 厘米。

图 7.18　ⅣA 型 Of 铁陨石 Rica Aventura 的一块漂亮切片，来自智利，发现于 1910 年。铁纹石条带宽为 0.27 毫米，镍含量为 8.9%。陨石的质量为 215 克。（照片由 Geoffrey Notkin/Aerolite.org 提供，© Michael Farmer Collection/www. meteoritehunter.com。）

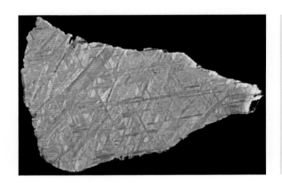

图 7. 19　Muonionalusta，来自瑞典的 ⅣA 型 Of 铁陨石，1963 年在一个建筑工地被发现。带宽为 0.3 毫米，镍含量为 8.4%。这块陨石显示出铁纹石晶面受剪切和冲击位错的影响。标本尺寸为 14.6 厘米。

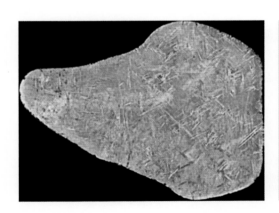

图 7. 20　NWA 859，也叫做 Taza，是 2000 年在摩洛哥发现的一颗 Opl 铁陨石。合纹石基质中可以看到铁纹石纺锤体图案。标本的最大尺寸为 37 毫米。

图7.21　NWA 859(Taza)的细节,展示了由镍纹石包围的微小纺锤状铁纹石。细粒金属混合物被称为合纹石,它由铁纹石和镍纹石共生组成,填充条带之间的三角形空间。

第四节　富镍无结构型铁陨石

类型:富镍无结构(Ataxite,D)
主要结构:不能用肉眼分辨,但微观下可见维斯台登纹,有一些硅酸盐包体
高镍:＞16%
铁纹石:只有微量
条带宽度:无
著名样品:Hoba,Santa Catharina,Tucson Ring

无结构的铁陨石曾经分为两类:富镍和贫镍。这个分类方法今天已不再使用。Ataxite这个名字来自希腊文,意思是"没有结构",因为早期的研究人员无法检测到任何内部结构,所以这个名字在当时是很准确的。这个简写D来自德语的Dichte Eisen,意思是"致密的铁"。虽然肉眼看不到维斯台登纹,却是微观下发育很细的结构,可以看到微小的铁纹石晶体覆盖在镍纹石之上,两者镶嵌在合纹石基质中。这些陨石几乎全部由镍纹石组成。

图7.22～图7.24为富镍无结构型铁陨石的照片。

图 7.22 1912 年在俄罗斯发现的 Chinga,一块ⅣB型富镍无结构铁陨石。Chinga 表现出在太空中受到撞击的迹象及强烈撞击的影响,Chinga 通常是棱角分明的。标本尺寸为 45 毫米×50 毫米。

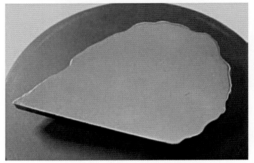

图 7.23 ⅣB型无结构铁陨石 Chinga 的抛光面,含镍量高达 18% 左右,即使在 2000 多年前掉入了河床也没有生锈。即使经过蚀刻,这颗陨石中也看不到任何结构。一般来说,富镍无结构的抛光面不会被蚀刻。标本最长尺寸为 7 厘米。

图 7.24 Tishomingo 是一块未分类的富镍无结构铁陨石,1965 年在俄克拉荷马州被发现。其不清楚的结构是由于一块大型的镍纹石因冲击和热的作用经历了部分熔融形成马氏体。注意陨硫铁包体。镍含量为 32%。比例尺为 1 厘米^3。(图片由 Eric Twelker 提供,www.meteoritemarket.com。)

第五节　含硅酸盐的铁陨石（ⅠAB/ⅢCD，ⅣA，ⅡE）　→

类型：含硅酸盐的铁陨石
知名样品：Campo del Cielo，Miles，Udei Station

　　一些铁陨石中硅酸盐矿物集合体或单晶高达50%，它们代表了铁陨石和石陨石之间的过渡类型，被称为含硅酸盐的铁陨石。

　　我们发现至少有三个群的铁陨石含有硅酸盐：ⅠAB/ⅢCD、ⅣA和ⅡE。ⅠAB群由含有不规则黑色硅酸盐包体的粗粒八面体铁纹石组成。黑色硅酸盐通常在铁纹石平面之间以微小的单晶形式存在，但它们也可能是几厘米宽的大聚集体。著名的ⅠAB铁陨石如Campo del Cielo，Canyon Diablo，Odessa和Landes经常包含硅酸盐。

　　硅酸盐铁陨石并非来自小行星的核部。目前有各种理论来解释这种硅酸盐与金属的混合物的来源。一种理论认为，一颗小行星因为冲击破裂，重新聚集成一个不完全分化的母体。还有研究表明，球粒陨石母体的小行星上由于碰撞会导致重熔产生金属（事实上，ⅡE铁陨石与H球粒陨石的起源很有可能是相关的）。

　　图7.25～图7.28为含硅酸盐的铁陨石的图片。

图7.25　Udei Station是ⅠAB型Om含硅酸盐铁陨石，1927年在尼日利亚降落。该铁陨石含有8.8%的镍，带宽为0.6毫米。灰色棱角状碎屑由顽辉石、橄榄石、奥长石和透辉石组成。标本的宽度为42毫米。

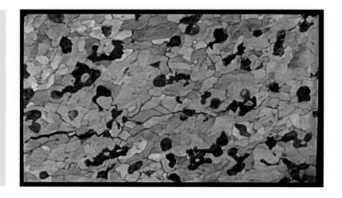

图7.26　Miles是ⅡE型Om铁陨石，1992年在澳大利亚昆士兰被发现。小型深色球状硅酸盐被认为是在其小行星母体深部环境下高温分异形成的。大多数包体含有辉长质的成分，表明其岩浆成因。标本宽为8厘米。

图 7.27　2006 年在阿根廷巴塔哥尼亚发现的一块新的铁陨石的切面。注意橄榄石和绿色铬透辉石的硅酸盐包体镶在粗八面体铁中。它在切割前质量为 26.5 千克。（图片由 Mike Farmer 提供，www. meteoritehunter. com。）

图 7.28　图 7.27 中巴塔哥尼亚硅酸盐铁陨石的细节。硅酸盐包体由一种不寻常的祖母绿色铬辉石晶体组成，镶嵌在黄棕色橄榄石中。（图片由 Mike Farmer 提供，www. meteoritehunter. com。）

> 第八章
分异型陨石——石铁陨石 ⋯

你应该知道陨石学家曾经把陨石分为 3 个主要类别：石陨石、铁陨石和石铁陨石。正如我们在第四章中看到的那样，绝大多数陨石被归类为球粒陨石。这种简单的划分虽然方便，但很快被证明有很多不足。由于太阳系早期的热变质作用，一些较大型小行星母体的内部加热使得从球粒陨石质的前身中分化出了各种不同类型的陨石。那些熔融程度较低的陨石类型，如 A 群陨石和 Lod 群陨石的金属和硅酸盐的分异并不完全，而熔融程度较高的陨石的球粒质过往历史则变得模糊。

石铁陨石由一半铁和一半硅酸盐组成，分为两大类：橄榄陨铁和中铁陨石。橄榄陨铁形成于分异型小行星母体的金属核部和硅酸盐质幔的边界。中铁陨石是具有大致相等的金属和硅酸盐的石铁陨石。除此之外，中铁陨石似乎与橄榄陨铁没有共同之处。它们是由早期太阳系剧烈碰撞造成的冲击熔融形成的，代表了大量母体的混合体。

第一节　橄 榄 陨 铁　　　　　　　　　　→

类型：主群橄榄陨铁（MGP）

特征标本：西伯利亚的 Krasnojarsk 橄榄陨铁（帕拉斯铁陨石），1749 年被发现

Krasnojarsk 的质量：700 千克

降落型及发现型数据统计：降落型为 4 块；发现型为 70 块

知名样品：Brahin，Brenham，Esquel，Glorieta Mountain，Imilac，Marjalahti

亚群：鹰站橄榄陨铁（PES）

特征标本：Eagle Station，1880 年在肯塔基州被发现

Eagle Station 的质量：36 千克

降落型及发现型数据统计：降落型为 0 块；发现型为 3 块

亚群：辉石橄榄陨铁（PXP）

降落型及发现型数据统计：降落型为 0 块；发现型为 4 块

橄榄陨铁是世界上最常见的石铁陨石之一,已知约为 60 块。橄榄陨铁这个名称(Pallasite)来自 1749 年在西伯利亚克拉斯诺亚尔斯克附近发现的质量为 726 千克的陨石。德国博物学家和探险家彼得·西蒙·帕拉斯(Peter Simon Pallas)收集了这个不寻常石头的样品,这是一种含有大量橄榄石晶体的铁质物质,并于 1772 年在他的日记中予以描述。帕拉斯曾受到俄罗斯女皇叶卡捷琳娜(Catherine)大帝的邀请去探索西伯利亚针叶林(埃米尔山)的巨大未知区域,特别是在克拉斯诺亚尔斯克附近。他当时并没有意识到他找到的是陨石。后来这些样品成为第一个被认可的橄榄陨铁,并以帕拉斯的名字命名。

橄榄陨铁是橄榄石晶体和周围的铁镍金属交织的混合物。橄榄石晶体的颜色可以从明亮的黄色至浅绿色。当橄榄石达到宝石级时,它被称为贵橄榄石。这些美丽的晶体会被用来制成珠宝,有些会被切割成多个面。橄榄石和金属的体积分数不尽相同,有时候金属几乎消失,只留下很少的金属和大面积的橄榄石。在大部分时候,硅酸盐矿物(橄榄石)保持通常的橄榄石与金属之比,大致为 2∶1。每个标本之间的比例相差很大。如果金属比橄榄石更丰富,那么金属通常会形成中粒八面体维斯台登纹,在蚀刻时大大增加了陨石的美感。橄榄陨铁的化学、元素和同位素特征与ⅢAB 和ⅡF 铁陨石相关,表明它们可能有共同的起源。

橄榄陨铁被划分为 3 个不同的群,类似于铁陨石的化学群:主群橄榄陨铁、鹰站亚群和辉石亚群。

一、主群橄榄陨铁

主群橄榄陨铁大致有 42 块,它们在铁镍基质中含有不同量的富镁橄榄石晶体,通常橄榄石与金属的体积比约为 2∶1。橄榄石晶体通常具有 0.5～2 厘米的直径。主群橄榄陨铁的铁是中粒八面体(Om),带宽为 0.3～0.5 毫米。诸如陨磷铁镍矿、陨硫铁和铬铁矿等副矿物通常存在于橄榄石和铁之间。铁镍的组成类似于ⅢAB 铁陨石,表明其可能有共同的起源。通常认为橄榄陨铁来自分异型小行星金属核和富橄榄石幔之间的区域。

二、鹰站橄榄陨铁

这个亚群得名于 1880 年在肯塔基州鹰站(Eagle Station)附近发现的一块橄榄陨铁。这个亚群只有 3 个成员,都是铁镍基质中分布着橄榄石碎屑。橄榄石富铁,并且其中的金属比主群的更富镍。鹰站橄榄陨铁的元素和同位素组成与ⅡF 铁陨石相似,这表明它们可能源于相同的小行星母体。此外,同位素研究的数据表明,它可能与 CO/CV 碳质球粒陨石有关。鹰站橄榄陨铁的另外两块著名样品是 Cold Bay 和 Itzawisis。

三、辉石橄榄陨铁

这个亚群中只有 4 名成员,其特征是含有少量单斜辉石。它们可以是与橄榄石相邻的晶粒、铁镍基质中较大的晶粒或包裹体。这 4 名成员在元素组成上彼此相似,但与主群明显不同。它们与任何铁陨石无关,因此可能代表一个先前未知的小行星母体的碎片。这个亚群的样品有 Yamato 8451,NWA 1911,Vermillion 和 Zinder。

图 8.1~图 8.8 展示了橄榄陨铁的图片。

图 8.1　Krasnojarsk,橄榄陨铁的特征标本。质量为 282 克。(图片由 Matt Morgan 提供,Mile High Meteorites。)

图 8.2　来自美国堪萨斯州著名的 Brenham 橄榄陨铁(PMG)的抛光面。这些石铁陨石具有大致相等比例的铁和橄榄石。它们在发现时并不引人注目,因为陆地风化严重改变了陨石的外观。(图片由 Geoffrey Notkin 提供/Aerolite.org。)

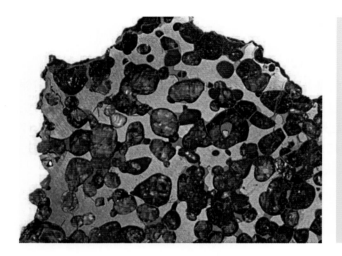

图8.3 Brenham 橄榄陨铁的特写镜头。边缘的暗色晶体（顶部和右边）可能是由于通过大气层时加热或地面风化造成的。据估计，这块陨石在约1万年前降落。带宽为11.5厘米。（图片由 Geoffrey Notkin 提供/Aerolite.org，©奥斯卡·E·蒙尼希陨石画廊。）

图8.4 来自俄罗斯的主群橄榄陨铁 Seymchan，于1967年在河床中被发现。第一块被发现的样品中没有橄榄石，当时被列为稀有的ⅡE铁陨石。随后发现的全部样品中都有橄榄石晶体，因此其被分类为橄榄陨铁。标本宽为8厘米。

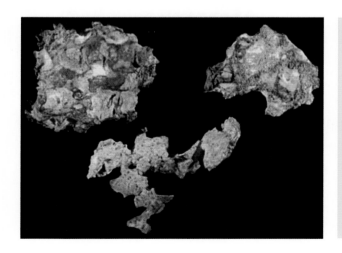

图8.5 野外采集到的新鲜的、小的 Imilac 陨石个体。1822年，在智利北部的阿塔卡马沙漠中发现了 Imilac 橄榄陨铁。有时橄榄石会完全被剥离，留下一个骨架网状的金属（底部）。左上角的样品最长尺寸为3.5厘米。

图 8.6　主群橄榄陨铁 Esquel 的抛光切片。1951 年,一位阿根廷农民在为水箱凿孔时发现了 Esquel 陨石。陨石显示出美丽的黄绿色橄榄石晶体。标本的宽度为 6.5 厘米。

图 8.7　Glorieta Mountain 陨石。将其切割成薄片,抛光并从后面照亮,就可以看到这个世界上最美丽的橄榄陨铁之一。(图片由 Macovich Collection 的 Darryl Pitt 提供,www.macovich.com。)

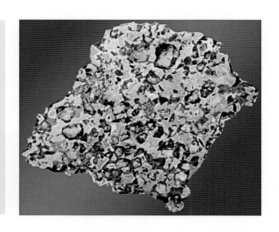

图 8.8　鹰站橄榄陨铁的切片。第一个鹰站橄榄陨铁于 1880 年在肯塔基州被发现。金属铁围绕着厘米级的棱角状橄榄石碎片。冲击震碎了橄榄石,熔化的金属铁充填了橄榄石之间的裂缝。(图片由 Jay Pi-atek 博士提供。)

第二节　中　铁　陨　石 →

类型：中铁陨石（Mesosiderites，MES）

降落型及发现型数据统计：降落型为 7 块；发现型为 79 块

知名样品：Estherville，Lowicz，Vaca Muerta

　　中铁陨石是典型的石铁陨石，大部分由大致相等的铁镍金属和硅酸盐组成。它们是由不同的棱角状或圆形矿物组成的复矿角砾岩，主要为斜方辉石、斜长石、钙长辉长无球粒陨石物质以及铁镍金属包体。这些金属与ⅢB型铁陨石有关并且显示出维斯台登纹。这些陨石中研究的最主要问题是它们内部的组分显然彼此无关，它们只是随机的混合物。硅酸盐部分的组分接近于来自无球粒陨石小行星母体的岩浆岩地壳的 HED 组分，并且这些硅酸盐可能是来自同一母体的不同区域。值得注意的是，几乎所有球粒陨石中出现的最丰富的矿物橄榄石在中铁陨石中却几乎完全缺失。橄榄石应该在小行星母体的地幔和地壳中大量存在。研究人员已根据矿物学、化学组成和硅酸盐的结构将中铁陨石分类。这些群可能会反映它们起源于母体的不同深度。

　　图 8.9～图 8.12 中展示了中铁陨石的图片。

图 8.9　NWA 1242（此前被称为 Sahara 85001）是 1985 年在利比亚发现的一块中铁陨石，冲击程度为 S1，风化等级为 W0。它含有硅酸盐包裹体和一个 10 毫米的金属结核。标本的宽度为 4.5 厘米。

图 8.10　Estherville，1879 年在美国爱荷华州发生了一场有数百块陨石降落的陨石雨，图为其中一块中铁陨石的切片。这是一个复矿角砾岩，含有铁包体和一些类似于钙长辉长和古铜钙长质的碎屑，类似于 HED 的集合体。但研究表明，该陨石与 HED 陨石来自不同母体。硅酸盐包括橄榄石、辉石和斜长石（钙长石）。标本宽为 8.8 厘米。

图 8.11　Vaca Muerta，来自智利阿塔卡马沙漠的一块有趣的中铁陨石。最初的质量可能是 6 吨。1861 年又发现了超 3 吨的 Vaca Muerta。与 Estherville 一样，它含有钙长辉长碎屑和许多硅酸盐包体，表明其母体经历过多次强烈冲击。标本的宽度为 7.5 厘米。

图 8.12　Vaca Muerta 的薄片。硅酸盐碎屑邻接富含金属的碎屑（左下）。这种硅酸盐碎屑包括斜长石双晶和褐色破碎的斜方辉石。正交偏光下拍摄。（图片由 John Kashuba 提供。）

> 第九章
假陨石图库 ⋯

　　人们发现的假陨石要比真陨石多得多,这应该不值得大惊小怪。大量的地球物体,无论是天然的还是人造的,确实看起来很像陨石,它们的存在就是为了让你发现然后迷惑你。有些物体与陨石非常相似,即使是专业的陨石猎人也必须经过复杂的分析才能得到答案。如果你是一个陨石猎人,你很容易被人造的物体所迷惑,比如生锈的铁器、矿石加工中的矿渣、燃煤炉中的煤渣、很多能被磁铁吸引的物体如玄武岩、火山岩(其中会有类似球粒的球体)以及沙漠岩石(其表面的荒漠漆看起来像黑色的熔壳)。提高辨别和区分陨石和假陨石的能力需要时间、实践和知识积累。下面我们将看到几个假陨石,并讨论它们为什么不是陨石(图 9.1～图 9.15)。

图 9.1　哪一个是陨石? 两者都有深灰色、鳄鱼皮一样的开裂的外观,让人想起风化后的熔壳。两者都有中灰色至棕色的内部。右边的岩石是亚利桑那州 Gold Basin 地区的 H4 型球粒陨石 Golden Mile。小而黑的球体是球粒。陨石可以被强磁铁吸引,左边的岩石则不会。两个物体的最长尺寸是 8 厘米。(图片由 Twink Monrad 提供。)

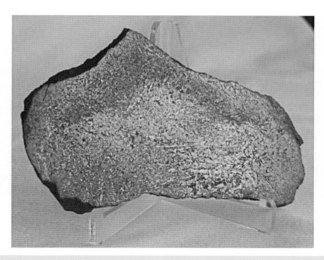

图 9.2　美丽的 Disco 铁矿石样品,它是十分罕见的地球成因的金属铁,发现于格陵兰的迪斯科岛。在地球岩石中,可以通过从缺氧环境的古老燃烧煤层中还原玄武岩中所含的氧化铁形成天然铁,就如现代利用氧化铁和焦炭来冶炼铁。其他著名的自然铁发现地在德国的卡塞尔和俄罗斯的科拉半岛。还有少量自然铁被发现于美国俄勒冈州、休伦湖,新西兰,加拿大不列颠哥伦比亚省,美国加利福尼亚州、密苏里州的圣约瑟夫岛。标本的宽度为 12 厘米。(图片由 Anne Black 提供,www.impactika.com。)

图 9.3　在西伯利亚中北部的 Putorana 高原发现的自然铁。它有点类似于中铁陨石,在俄罗斯中部地区比较常见,但是它的成分不像任何已知的中铁陨石或其他陨石。该岩石是西伯利亚暗色岩中含金属玄武岩区域的玄武岩碎片和含镍金属铁的混合物。2002 年,地球化学和同位素研究证明它不是陨石。标品的最长尺寸为 6 厘米。

图 9.4　这些浅蓝色的球体是球粒的吗?不。这是地球上的玄武岩,那些球体是气孔充满了次生矿物,可能是玉髓和石英。陨石中的气孔和孔洞很少见。注意到有暗灰色斜长石镶嵌在褐色无结构的基质中,这是典型的轻微蚀变的玄武岩。标本宽为 3.8 厘米。(由 Dennis Miller 提供。)

图9.5　乍一看,这些小球体与球粒陨石中的球粒相似。但这是在怀俄明州黄石国家公园发现的球状流纹岩。这些球状晶体在流纹岩的玻璃状区域中生长,因为晶化(脱玻化)形成石英和碱性长石的微小辐射状晶体,它们的直径范围为1～6毫米。

图9.6　这个被称为Saratov的L4球粒陨石有圆形的球粒,在这张照片中,球粒直径为0.3～2.3毫米。这颗陨石于1914年在俄罗斯降落。由于陨石脆弱易碎,因此球粒很容易暴露。(图片由Eric Twelker提供,www. meteoritemarket. com。)

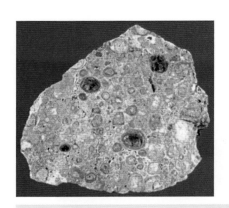

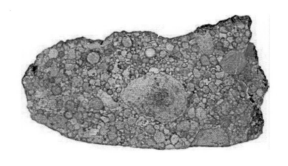

图9.7　不,这不是陨石,它是铝土矿。这个标本中的氧化铝和氢氧化物在土壤极端风化过程中形成小的结核。在这种情况下,它们有点像各种尺寸的球粒,但没有在铝土矿中发现典型矿物(如橄榄石和辉石)以及球粒中的结构。标本最长尺寸为9.5厘米。

图9.8　从2004年在撒哈拉沙漠中发现的NWA 2892的这块切片中可以看到,形态良好的球粒在这块陨石中占主导地位。这些球粒的尺寸从0.6毫米到中间那个非常大的球粒(13毫米)。请注意球粒的各种颜色、形状和边缘,与图9.7中的铝土矿进行比较。NWA 2892被归类为H/L3普通球粒陨石。标本宽为5厘米。(图片由Jeff Kuyken提供,www. meteorites. com. au。)

图9.9　其中一块岩石是陨石。注意这两个看起来像葡萄串的圆形物体。Mundrabilla（右）是澳大利亚的铁陨石。指节状的结核是大型的随机取向的铁镍合金，由于风化而显露出来。Moqui 大理石（左）是美国西南部纳瓦霍砂岩变质后形成的结核。沙子由铁氧化物、赤铁矿和针铁矿黏在一起。它们是与2004年火星探测器机遇号在火星上看到的赤铁矿结核相似的陆地产物。Mundrabilla 的长度为8.5厘米。

图9.10　这片花岗闪长岩上的深棕色荒漠漆看起来像石质陨石的熔壳。但整个浅色内部由2～6毫米的斜长石、正长石、黑云母和角闪石晶体组成。这种成分在陨石中找不到。标本的长边为9.5厘米。

图9.11　这块在 Franconia 地区发现的石头可以被强磁铁吸引。它缺乏熔壳，有小孔（气孔），并有小的斜长石白点。这是一块水蚀变的地球玄武岩鹅卵石，上面覆盖着一层淡色的钙质，部分埋在地下。由于含有少量的磁铁矿，大多数玄武岩能被强磁铁吸引。标本的直径为7厘米。

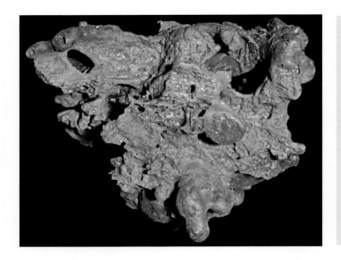

图9.12 这块岩石看起来熔化了。事实上，它是熔融的土壤。森林中的人为或天然火灾通常会熔化木头底下的土壤。小小的熔岩流可以沿着坡道流动几英尺甚至几十英尺。左上角和右上角的平行线是浇铸的碳化的木头的纹路。流星体的外部在大气中急速熔融，但它绝不会有年轮或大型硬化球状滴落物。标本的宽度为15厘米。

图9.13 这是一个质量为4千克的岩石，看起来像铁陨石。它密集而沉重，似乎有黑色的熔壳，甚至似乎有浅的气印。但它不会被强磁铁吸引。测试表明它几乎是纯锰，一种灰白色的金属（在中下部的缺口区域）被氧化成了黑色。

图9.14 这种由高磁性铁制成的弹壳是军事演习的证据。弹壳碎片可能被撕裂、扭曲，然后生锈，但一些铁质陨石也是如此。通常可以通过测试镍的含量区分无镍人造铁和陨石铁，陨石总是含有几个百分比的镍。标本最长处的尺寸为15厘米。

图 9.15 俄罗斯的"Shirokovsky 橄榄陨铁"于 2002 年上市,其中的一些样品很快被私人及公共博物馆收藏。但由于陨石的来源十分值得怀疑,人们很快对它进行了综合测试和分析。到 2004 年,分析结果明确指出它为地球起源物体。关于它的成因是人造的还是天然的目前仍有争议。目前,陨石协会列举了 71 个假陨石,其中包括 Shirokovsky。假陨石是指据称是陨石的物体,但它们并非陨石。标本的最长尺寸为 3.9 厘米。

第三部分 ▸▸▸
陨石的收集与分析

　　陨石在地球上任何角落降落的概率基本是相同的,地球自形成以来总是不停地遭受陨石的轰击。但地球大部分面积被海洋覆盖,这意味着大量的陨石掉进了海里而难以获得,即使沧海桑田,海洋变成陆地,陨石也会由于遭受风化作用而消失。南极大陆的巨厚冰层为陨石的储藏提供了天然场所,几十年来,世界各国的科学家团队不断地在南极收集陨石。截至 2000 年,在南极共发现了 2 万多块陨石,但这些陨石不容许私人收藏。1952 年,国际上签署了《南极条约》,于 1961 年生效,得到了 100 多个国家的认可。1992 年,国际上专门通过了一项议案来保护包括陨石在内的南极地质样品,这些样品私人不能收藏。

　　地球上还有很多地方没有陨石收集的限制。如果你有户外探险精神,你可能想探索偏远地区。在美国大陆,最好的猎陨场所位于加州南部莫哈韦沙漠(Mojave desert)的西南部,那里的植被相对稀疏且气候干燥。首先要寻找一个已经暴露很长时间的旧地表,老干湖可能是一个值得搜索的好地方。罗莎蒙德(Rosamond)、穆拉克(Muroc)和卢塞恩干湖(Lucerne dry lakes)等地区都是很好的选择。或者你也可以搜索新墨西哥州葛罗瑞塔山(Glorieta Mountain)周围或亚利桑那州霍尔布鲁克(Holbrook)和弗兰科尼亚(Franconia)等著名的散落带。另一个很好的位置是亚利桑那州的黄金盆地(Gold Basin),在过去的 10 年里,在那里回收了成千上万的石陨石(图 10.1)。

　　1995 年 11 月,亚利桑那大学名誉教授吉姆·克瑞夫(Jim Kriegh)(图 10.2)利用金属探测器在亚利桑那州的黄金盆地勘探黄金时意外地发现了两块小陨石。于是,克瑞夫和他的朋友约翰·布兰纳特(John Blennert)和英格丽·蒙拉德(Ingrid Monrad)开始认真搜寻陨石,最后他们在该地区发现了大量的陨石。黄金盆地地表散落着大量的陨石,而有些陨石埋在离地表 25～30 厘米以下的土壤中,质量为 1～1500 克。到 1998 年,此处已经找到了 2000 余块陨石,亚利桑那大学的戴维·克林(David Kring)博士确定这些陨石是 L4 型普通球粒陨石。到 2001 年,克林和他的朋友以及众多私人收藏家在那里总共发现了约 6000 块陨石。从那之后更多的陨石被发现,而且散落带的面积也在不断扩大(图 10.3)。

　　大约 15000 年前,在大威斯康星冰期衰退的几年中,黄金盆地陨石降落地表。流星体在进入地球大气层破裂之前的直径可能是 3～4 米。降落后,陨石受到潮湿环境的影

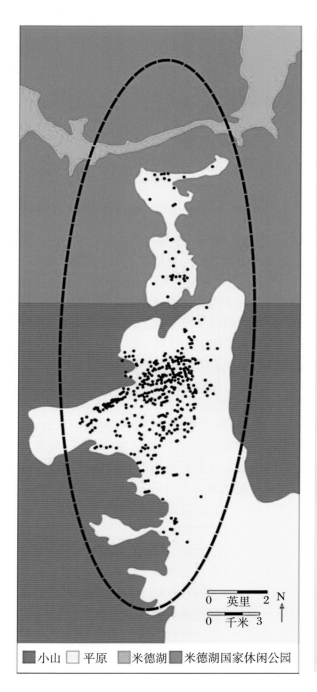

图 10.1　黄金盆地散落带,地球上已知最大的散落带。自 1995 年吉姆·克瑞夫首次发现了两块陨石后,此处已发现数千块 L4 型陨石。该地图上的每个黑点代表单个或一组陨石。由于陡峭和不规则地形的限制,寻找陨石比较困难,因此椭圆形的散落带形状可能和实际有所偏差。陨石进入的方向仍然未知。通常情况下,在散落带的尽头会找到更大的陨石。然而在黄金盆地没有发现这样的尺寸分布规律。(数据由吉姆·克瑞夫提供。)

小山　平原　米德湖　米德湖国家休闲公园

0　英里　2
0　千米　3
N

图 10.2 吉姆·克瑞夫,黄金盆地散落带的发现者以及他发现的一块陨石样品。

图 10.3 霍华德·韦尔斯(Howard Wells)和他在黄金盆地发现的 119 磅陨石。(图片由霍华德·韦尔斯提供。)

响,快速风化。黄金盆地区域随后遭受了数千年风暴和洪水袭击,它们将沙、岩石和陨石从山丘冲刷到冲积平原。虽然有些陨石仍然留存在基岩上几乎没有移动,但大多数陨石已被搬运,离开了原来的位置。

从得克萨斯州和俄克拉荷马州到堪萨斯州和内布拉斯加州,一个巨大的集水盆地穿过美国的小麦、玉米种植带。在经过一个多世纪的耕种之后,农民仍然能从田地中清理出石块。农民发掘的任何特别的石头都很有可能是陨石。他们通常会把石头扔到篱笆边上,你可以在获得他们允许的情况下进行调查。几乎每个农家的碎石堆中有不止一块陨石或者他们正用陨石撑开门扇。有时候陨石会被再次丢弃。在 19 世纪 90 年代后期,弗兰克(Frank)和玛丽·金伯利(Mary Kimberly)在堪萨斯州的土地上进行耕作,清理耕地。凯厄瓦县布伦纳姆镇(Brenham Township, Kiowa Country)的农民和牧场主注意到散布在这片土地上的奇异的黑色石头,金伯利也注意到了这些石头。依据地质学的知识,这些岩石似乎并不属于这里。金伯利对此产生了极大兴趣,并将她能找到的这类黑色石头保存起来。后来发现这些石头由铁镍合金组成骨架,橄榄石填充于空隙中。从此,金伯利沉迷于这些铁质的岩石,她的邻居们对此感到十分好笑。经过多年对这些黑色岩石的收集之后,金伯利说服了沃什本学院(Washburn College)的地质学家来研究它们。地质学家将它们确定为石铁陨石[①],并当场购买了几百磅的标本。这些陨石被称为布伦纳姆橄榄陨铁,以发现地的小镇命名。位于哈维兰镇附近的金伯利农场现已成为美国最大的橄榄陨铁发现地,这些陨石遍布整个农场。

尽管 20 世纪人们在该地发现了一些橄榄陨铁,但最近几年的收获比以往都大得多。2005 年 10 月,史蒂夫·阿诺德(Steve Arnold)在一个农田里挖出了质量约为 700 千克的橄榄陨铁(他不仅获得了当地人的许可,而且还租用了附近的土地)(图 10.4 和图 10.5)。

图 10.4　陨石猎人史蒂夫·阿诺德和杰夫·诺金(Geoff Notkin)以及他们在堪萨斯州凯厄瓦县布伦纳姆地区发现的橄榄陨铁。(图片由 Sonny Clary,© Geoff Notkin 提供。)

---

① 橄榄石铁陨石。——译者注

图 10.5　史蒂夫·阿诺德拥有的"大个子"——他于 2005 年 10 月发现了质量达 1400
磅[①]的布伦纳姆橄榄陨铁。（图片由 Qynne Arnold 提供，© WorldRecordMeteorite.
com。）

这是有史以来发现的最大的布伦纳姆橄榄陨铁，同时也是有史以来最大的定向橄榄陨
铁。该陨石被高科技金属探测器发现，再用挖掘机从 2.5 米深的土中挖出。

　　如果你更爱探险，你可以选择在其他国家进行陨石搜索。在过去几年里，在利比亚、
埃及和阿曼的撒哈拉沙漠中陆续发现了所有已知类型的陨石（图 10.6～图 10.9）。此
外，在非洲西北部发现了数千块从普通球粒陨石到月球和火星陨石在内的各类陨石。无
论是政治上还是物理条件上，在这些地方寻找陨石可能会很危险。出去之前请向美国国
务院查询目前相关的限制和警告[②]。资深陨石猎人格雷格·琥珀（Greg Hupé）说："以开
放的态度去思考，对自己有所预期并做好准备！很多时候事情的发展会出乎意料，但你
可以随机应变从而让自己摆脱困境，比如，以对损坏的仪器进行维修为由，或者通过外交
手段来通过边境守卫。"如果你愿意忍受炎热的沙漠，可能连续几天都看不到人，那你获
得的成果也将是丰厚的。无论你决定做什么，别忘记你的 GPS！

　　你可以尝试在过去发现陨石的地方寻找，这些信息通常在当地报纸和科学杂志上可

---

　　①　约 635 千克。——译者注
　　②　限于美国公民。——译者注

以看到,同时坐标也可能是已知的。找到一个散落带需要一些小小的调查工作,但这是值得的。剑桥大学出版社出版的《陨石目录》(2000 年)是你进行陨石搜集的很好的起点,还有国际陨石学会在线数据库(https://www.lpi.usra.edu/meteor/about.php)。这两个资料库都按国家和类型进行了分类。同时,尽可能多地学习陨石的科学知识是非常重要的。这就是我们编写本书的目的。

图 10.6　在撒哈拉沙漠的偏远地区搜索,经常会遇到卡车陷入沙漠中的窘境。图为 2003 年 12 月美国收藏家詹森·菲利普(Jason Phillips)(右二)与格雷格·琥珀一起探险。(图片由格雷格·琥珀提供。)

图 10.7　2002 年 4 月,两个当地牧民在 NWA 1068/1110 火星陨石散落带寻找到的陨石碎片。请注意旧式摩托车的挡泥板被作为铲子使用。(图片由格雷格·琥珀提供。)

图 10.8 2002 年 4 月,格雷格(左二)与摩洛哥和阿尔及利亚边界之间"禁区"的游牧民在柏柏尔(Berber)帐篷中。有时候,需要到撒哈拉沙漠非常偏远的地方旅行来购买那些特殊的石头。(图片由格雷格·琥珀提供。)

图 10.9 2003 年 12 月,在摩洛哥和阿尔及利亚之间"禁区"附近的荒凉沙漠地区,柏柏尔露营地的日出。环境恶劣的地方通常都有无限美好的风光。(图片由格雷格·琥珀提供。)

第一节 如何在野外识别陨石？ →

当你在寻找陨石时，请记住，陨石在野外的存在很大程度上取决于它在地球环境中经历的时间。与陆地岩石一样，石质陨石也会遭受风化，特别是在潮湿的气候中，只需几年即可改变它们的外观。所以，让我们观察一颗刚刚陨落的陨石和一颗多年来暴露于地表的陨石。正如我们在第三章中所学到的，一颗刚刚陨落的石质陨石通常有一个深棕色至黑色的覆盖层(图 10.10)。有时候整个熔壳表面上会分布着一组精细的裂缝，就像陶器釉上的裂纹一样，这是由于熔壳快速冷却和收缩产生的。如果一块石质陨石在地面上已经经历了几千年，与地表物质的化学反应就会改变它的外观，直至它与周围的岩石没有区别(图 10.11)。随着陨石中的铁进一步氧化成风化矿物(如针铁矿)，橄榄石变成黏土状矿物，熔壳变浅至中褐色。如果陨石继续留在地表，可能会形成闪光的锈迹使其具有沙漠漆的外观和组成。

图 10.10 HaH 335 是一块质量为 111 克的 H3 型普通球粒陨石，2004 年被发现于利比亚沙漠中的路面上，距离车道仅几米远。(图片由 Svend Buhl 博士提供，www.meteorite-recon.com。)

图 10.11　黄金盆地散落带的发现者吉姆·克瑞夫指出了一个典型的黄金盆地陨石，它在沙漠表面风化了约 12000 年。

　　从大致球形到非常细长的形状，石质陨石可以有许多形状。大多数石质陨石都是碎片，因为几乎所有的原始流星体都会在大气中破碎。这种碎片通常决定了陨石的最终形状。陨石容易沿着已经存在的节理面破裂，经常可以看到几乎完美的直角状断裂面。这个特征使陨石与周围普通的圆形河流鹅卵石有明显区别。这些有棱角的表面上可能有轻微的凹陷，通常是陨石穿过大气层时刻蚀上去的（图 10.12）。

　　当你找到疑似陨石时，请标记它的位置。可以使用 GPS，因为你可能找到了一个散布着几十到上百块陨石的散落带。你可以使用 10 倍手持放大镜研究新鲜面；还可以用金刚石锉在岩石上划一个小区域；或者可以把样品带到当地的观赏石店，并要求他们切下一小块。切口应该足够深以显示未风化的内部，通常是 1～2 厘米。一旦切割，应该用 99% 的工业酒精小心地清洁标本并干燥。再看看切面，内部是否比外部更白或更暗？如果它是未经风化的陨石，它会变得更白，而不是更暗。风化的陨石具有化学成分改变的内部组成，非常像外部，因此两者可能相似。如果陨石是普通球粒陨石，也就是绝大多数的陨石，你会立即注意到在整个暴露面上散布着光亮均匀的银色金属颗粒，这是铁镍合金。你可能会看到金属脉直线穿过切割面，或者可能呈簇状。

　　用磁铁可以测试金属的吸引力。金属没有磁性，也就是说，它不会像磁铁那样吸引其他铁物质，但它本身也吸引着磁铁。你需要一个强磁铁来进行这个测试，而不是那种冰箱贴上的磁铁。（注意：强大的稀土磁铁可能是危险的，一旦它们吸在一起就很难被拉开，如果你不懂得如何使用它们就会伤到自己，由于它们会损坏信用卡和磁性介质，所以

图 10.12　陨石猎人桑尼·克拉里（Sonny Clary）在亚利桑那州发现的陨石 Palo Verde Mine。请注意这块石头上的棱角和气印。（图片由 Sonny Clary 提供，www.nevadameteorites.com。）

不应该让它们靠近心脏起搏器）。如果你的石头通过测试，它就可能真的是一块陨石。地球上的铁几乎总是以氧化状态存在于岩石中，表现为硅酸盐、赤铁矿、磁铁矿或不同比例的水合铁矿物，存在于富氧的氧化环境中。而石质陨石的大部分时光都是在太空中度过的，极度的缺氧使它们的铁仍处于单质状态。但是，一些碳质球粒陨石显示出明显的水蚀变迹象，其中铁会变成磁铁矿。

当你的这块石头通过磁铁的测试后，你会对它充满信心，但你可能仍然持怀疑态度，你应该更仔细地观察表面[①]。对于接下来的观察，你需要做一些打磨。用碳化硅或氧化铝砂纸打磨疑似陨石的切割面，并用纸擦干。从 220$^\#$ 砂纸开始，然后用 400$^\#$ 和 600$^\#$ 砂纸，确保去除了上一步的所有锯痕和凹坑。用一块厚玻璃或光滑的木材可以很好地将砂纸固定。当你想要清洁表面时，只能使用蒸馏水。再次通过各种砂纸打磨，用蒸馏水冲洗样品，直至完成工序。使用蒸馏水进行最后的冲洗，然后将试样浸入 99% 的酒精中。将洗过的陨石放入约 150 ℃ 的烤箱中，烘烤 2 或 3 小时，这可以保证所有的酒精和蒸馏

　　[①]　能用肉眼鉴定为陨石的，特别是具有明显熔壳的陨石，尽量不用磁铁测试，因为这样会破坏陨石的磁性结构，给后期科学家研究陨石古地磁等带来困扰。——译者注

水都蒸发掉。

表面处理好后,使用 10 倍放大镜在明亮的光线下研究样品的结构。普通球粒陨石具有独特的结构(见第四章)。如果你拥有一颗真正的球粒陨石,你会看到细小的弹珠一样的小圆形物体镶嵌在细密的基质中。它们大致呈球形,直径范围从 1~2 毫米到 0.1 毫米。这些是球粒,也是球粒陨石得名的原因。如果在你的岩石中看到这些来自太空的球体,它就是一块陨石。

但是如果你发现的是一块无球粒陨石,一块没有球粒的石质陨石,意味着你很幸运地找到了这块极为稀有的陨石。它们具有相当微妙的特征,不容易与地球岩石区分开来(见第五章)。无球粒陨石不仅缺乏球粒,而且还缺乏铁镍金属,这两者又是球粒陨石的两个最显著的特征。这些陨石中有类似大部分地球玄武岩的成分。陨石学家相信其中一些来自火星、月球和灶神星。幸运的是,大多数无球粒陨石仍然有黑色的熔壳,熔壳颜色通常由于钙丰度很高而变浅,少数有浅米色到中等棕色的熔壳。最好将这些陨石的验证工作留给专家,即使他们也可能被无球粒陨石的骗子愚弄。铁陨石和石铁陨石是所有陨石中最容易区分的。事实上,人们在野外所发现的大量铁陨石很容易使陨石发现的统计数据严重倾向于铁陨石。举个例子,陨石在降落后几天内回收的数据统计是这样的,只有 5.8% 是铁陨石,而 93% 是石陨石。然而,如果我们统计全世界所有的石陨石和所有的铁陨石,包括降落型和发现型,我们注意到 28% 的陨石是铁陨石。这仅仅意味着铁陨石比石陨石更容易识别和发现,这会扭曲统计数据。铁陨石的质量是普通球粒陨石的两倍,98% 为铁镍金属。毫无疑问,与石陨石相比,它们具有异样的形状,并且通常被收藏家和高端拍卖行视为艺术品。

大多数在地球上发现的铁陨石都是大块的碎片,它们要么在大气中爆炸,要么在与地面撞击时爆炸。它们的形状非常不规则,经历机械弯曲和撕裂,就像爆炸的金属弹壳一样,半个世纪以前无数的轰炸带来无数的弹壳碎片。

第二节　运用金属探测器找陨石

人们经常会问,他们是否可以使用金属探测器搜索石质陨石以及铁陨石。答案是肯定的。当然,信号的相对强度取决于陨石中的金属含量以及被埋藏的深度。我们发现,球粒陨石中的金属含量差别很大,质量分数从 1% 到 20%。由于大部分铁元素已被氧化,严重风化的陨石显然信号会相对较弱。事实上,完全氧化的铁陨石会产生"负面"信号,也就是说,当探测器头穿过掩埋的标本时,信号将会消失。如果陨石刚刚降落,它将与在该地区的其他岩石明显不同。在这种情况下,金属探测器可能成为一种障碍,只会让你放慢速度。你可能想尝试使用"磁棒",一种固定在支杆上的强力稀土磁体(图 10.13)。

金属探测器对于定位完全埋藏或与周围岩石颜色相似的陨石非常有用。这是金属探测器派上用场的地方,帮助你"可见"地表之下的标本并将其与其他岩石区分开来。这特别适合在美国西南沙漠中寻找老陨石。

现代金属探测器令人惊叹不已。它们可以很容易区分硬币（甚至可以区分面值）、金、银和垃圾铁。鉴别能力极强的 Fisher Gold Bug 2 是陨石猎人的最爱，并受到广泛的强烈推荐（图 10.14）。

图 10.13　理查德·诺顿使用磁棒在美国内华达干湖床上搜索陨石。

图 10.14　Fisher Gold Bug 2 金属探测器是猎取陨石的好帮手。（图片由 First Texas 提供。）

鉴别能力极强的探测器应调到"遗物"这一挡上,因为它们会将陨石认为是生锈的旧钉子或其他铁遗物。在亚利桑那州的黄金盆地,这个以黄金狩猎而闻名的地区,捡起的陨石常年无人问津,成为毫无价值的"石头"。在这个地方,最好不要试图将黄金与天体"黄金"区分,因为我们猜测猎人两者都想要。由怀特电子公司(White Electronics)制造的 Goldmaster 2 和 3 以及同等装备在定位两者方面做得非常出色。它们的信号是不同的,你很快就能学会区分它们。更高级的猎人可能希望使用定制的探测器(图 10.15)。

图 10.15　2007 年 7 月,格雷格·琥珀在瑞典 Mounionalusta 散落带拿着自制的深部金属探测器进行搜寻。请注意其宽阔的椭圆形状是为便于快速覆盖大面积区域,同时还可以在树木之间穿过。他的许多发现都在树木之间或之下。请注意使用木块和胶带修复的细节。(摄影:Devin Schrader,图片由格雷格·琥珀提供。)

有些陨石很难用金属探测器识别。这些都是非常小的普通球粒陨石,就像在亚利桑那州霍尔布鲁克附近发现的普通球粒陨石,或者含有很少量金属的碳质球粒陨石和无球粒陨石,即使是最好的探测器也很难探测到。

第三节　你收集到的陨石价值几何？

在当今世界，陨石不仅在市场上公开买卖，它们也是那些只关心陨石价格涨跌的陨石商人之间充满商业价值的商品。今天，收藏家们愿意花费数千美元购买罕见的陨石标本，而且价格往往会水涨船高。经销商和研究机构经常交换陨石。这种常见做法往往是研究机构获得有价值的新标本的唯一方式。

因此，我们来看看你找到的标本究竟价值如何。像所有可收藏的物品一样，陨石的价格受供求规律影响。需求总是存在的，而供应，特别是稀有标本，时常缺乏。普通球粒陨石和一些铁陨石的供应似乎总是足够的，这限制了最常见陨石的价格。比如在中东炎热的沙漠中就发现了数百块陨石[①]。它们正逐渐淹没着陨石市场，会让这种陨石价格低廉。在普通球粒陨石中有一些亚型比其他类型更有价值。岩石学类型为 3 型的陨石在普通球粒陨石中特别受重视，因为它们具有非常原始的或相对原始的特征。它们可以轻松地以每克 30 美元的价格出售，而岩石学类型为 5 和 6 型的陨石的价格仅仅是其价格的零头。黄金盆地 L4 型普通球粒陨石售价为每克 1.75～3.00 美元。

常见的铁陨石往往比普通球粒陨石更便宜。来自纳米比亚 Gibeon 的细粒八面体铁陨石经常以每克 1.50 美元或更低的价格出售。而那些比较稀有的铁陨石通常会跟最贵的普通球粒陨石价格相近。对于稀有的无球粒陨石和石铁陨石来说，价格更加没有限制。它们一直有着强烈的市场需求，经销商通常会坐地起价。看到它们的价格从每克 50 美元到每克数百美元时不要惊讶，这还不包括最受追捧的火星和月球陨石，其价格可能高达每克 2000 美元。

请记住，如果你将新发现的陨石出售给经销商将会是批发价格，这大约是零售价的一半。为了知道自己这块陨石应有的价格，你应该检查陨石经销商的列表，或参加一个大型的岩石矿物展（如每年 1～2 月在亚利桑那州图森举行的图森宝石和矿物展），在那里，经销商会聚集起来交易所有类型的陨石。

如果你找到了陨石，首先要做的就是让它得到一个值得信赖的合格来源的证明。你可以从经销商、教授或科学家那里拿到证明。请记住，陨石的价值取决于它的类型：普通球粒陨石、碳质球粒陨石、无球粒陨石、铁陨石和石铁陨石等。研究机构会要求你提供一个 20 克的样品用于测试。如果整个样本小于 20 克（或占总体的很大一部分），则需要讨论是否使用较小的样品。一旦它被证实是一个真正的陨石，它需要接受进一步的测试以确定其类型。你对陨石的了解越多，就越有好的筹码。没有分类的未知陨石对任何人都没有价值。如果经销商和收藏家在转售陨石之前还要对其进行研究，他们对陨石的兴趣就会降低。还有一点需要记住的是，如果陨石相当大，比方说有几十千克，那么它每克的价格可能会更高。如果你发现这么大的球粒陨石，它可能会很难销售。最好将它切成易于处理的产品（但请不要将标本切得太小以至于无法用于研究和展示）。但是将大块陨

---

① 现在的数量为上万块。——译者注

石切割成碎片是一件非常麻烦的事情,陨石需要在大型金刚石锯(约 14 英寸刀片)上进行长时间的切割,其中多达 20% 的陨石会变成陨石废料。因此毫无疑问,考虑到切片和前处理的费用,经销商不愿意直接购买大型陨石。

第四节　采集陨石合法吗？　　　　　　　　　　　　　　→

　　自从陨石被认为是从天而降的岩石,人们就开始收集它们。在某些情况下,它们在地球上遇到了不友善的对待,甚至被迷信的当地人砸成碎片。而在有些情况下,它们受到尊敬,甚至被崇拜为神。今天我们知道它们是来自其他世界包括行星和小行星的岩石标本。我们重视它们的特点和它们背后的故事,我们惊叹它们的美丽,寻找并收藏它们。

　　尽管有些人希望看到陨石的收集受到限制,但在美国,狩猎和拥有陨石是合法的。在美国法律上,陨石不属于发现者,而属于发现地的土地所有者。因此,如果你在私人土地上搜索,获得土地所有者的许可非常重要。许多人喜欢在公共土地上寻找陨石,但要小心,因为那里也有限制,比如在旅游区和荒野地区。尽管联邦土地上发现的陨石在 1906 年的古物法中被解释为完全属于联邦政府(内政部),并可能由史密森学会所有,但陨石所有权不在"联邦法规"中。人们普遍认为,陨石爱好者可以从土地管理局(BLM)管辖的土地上每天拿走高达 25 磅的岩石和 250 磅的非商业用途的岩石。

　　然而,其他国家并不那么慷慨,而且管控在全球范围也趋于更加严格。在一些国家,例如著名的 Gibeon 铁陨石的家乡纳米比亚,出口陨石是非法的,尽管 Gibeon 铁陨石在市面上广泛流通。在澳大利亚,大多数州都制定了使陨石成为国家博物馆财产的立法。加拿大将陨石所有权授予土地所有人,并允许其出售,但未经许可不得出口。瑞士和丹麦声称拥有所有发现的陨石。阿根廷声称对在 Chaco 发现的陨石(Campo del Cielo 铁陨石)拥有所有权,并对其负责。在印度,印度地质调查局是所有陨石的所有者。

　　这看起来十分混乱,这么多限制性法律导致的不幸结果是在法律最严格地区发现的陨石明显不足,而对于化石来说也是如此。在某些情况下,"保护"标本注定会使它们留在地下,继续腐蚀生锈,因为私人搜寻或收藏是非法的,或者对于业余爱好者来说将其带出国外的代价太大。

　　最近奥地利审理了一起案件,涉及一名德国陨石猎人,他在奥地利发现了一颗 2.84 千克的陨石。法官对此声明如下:"天上的财产没有地上的权利",并进一步得出结论:"外星的物质……不能被视为奥地利议会的资产(当然议会不这么想)……"该法官支持陨石猎人。我们只能希望在未来更多的政府会意识到,允许收集、拥有和出口将会让更多的陨石在世界范围内被发现。

第五节　最后的思考　　　　　　　　　　　　　　→

在过去的 20 年里,寻找和收集陨石已经成为一些人的强烈愿望,也极大地吸引着越来越多的人。有关陨石降落的报道经常出现在新闻中。2007 年,陨石撞击哥伦比亚、马里和西班牙。陨石撞击在秘鲁的的喀喀湖(Titicaca)附近形成了一个小陨石坑,这是一件非常不寻常的事件。与此同时,从天空降落的石块不断增多,各国政府在未来将再次严肃对待地球可能受到的威胁,因为过去已经做了很多次。随着对其他行星的不断探索,我们已经知道地球不是唯一可以找到陨石的地方。

2005 年 1 月,我们第一次看到火星漫游者机遇号在红色星球表面拍摄的一块令人惊叹的岩石的照片,这多么令人激动啊! 这块石头被称为"隔热罩岩"(图 10.16),因为它的发现地靠近着陆器的隔热罩。我们立即意识到它只能是一种东西——铁陨石。这让我想起了另一个铁陨石,一个更大的铁陨石,它们之间无疑是相似的。鹅湖(Goose Lake)铁陨石在 1938 年由加利福尼亚北部的三名猎鹿人发现,它在一片粗糙的熔岩地面上静静地躺了数百年(图 10.17)。它重达 1167 千克,是有史以来在美国发现的最大的铁陨石之一。

2006 年 6 月,机遇号探测器的同伴勇气号探索了火星的另一侧,发现了另外两块被认定为铁陨石的岩石。它们被命名为艾伦山(Allan Hills),与在南极洲发现的陨石一样。

因此,寻找陨石这一来自其他世界的信使及其所包含的所有信息将会继续下去。在下一章中,我们将讨论使用岩相显微镜和相关技术来听懂它们告诉我们的一些故事。我们祝你一切顺利。史蒂夫·阿诺德,那个重达 635 千克的堪萨斯州布伦纳姆橄榄陨铁的发现者如是说:"继续仰望星空,但记得把你的铲子留在泥土里。"

图 10.16　2005 年 1 月,机遇号探测器在火星表面发现了一块铁陨石"隔热罩岩"。据估计,它与篮球的大小相当。(图片由 NASA 提供。)

图 10.17　克拉伦斯・A. 斯密特（Clarence A. Schmidt）和约瑟夫・赛科（Joseph Secco）是鹅湖铁陨石的发现者,他们于 1938 年在加利福尼亚莫多克县狩猎时发现了它。

参考资料及相关网站 →

书籍：

Bagnall P M. The Meteorite & Tektite Collector's Handbook［M］. Willmann-Bell，1991.

Haag R. Collection of Meteorites［M］. Robert Haag Meteorites，2003.

Jensen M R，Jensen W B，Black A. Meteorites from A to Z［M］. 2nd ed. Michael R Jensen，2004.

Kichinka K. The Art of Collecting Meteorites［M］. Bookmasters，2005.

Killgore K，Killgore M. Southwest Meteorite Collection A Pictorial Catalog ［M］. Southwest Meteorite Press，2002.

Schwade J. The Schwade Meteorite Collection A Photographic Catalog［M］. Midwest Meteorites and Minerals，2006.

网站：

南极陨石的信息

http：//geology. cwru. edu/～ansmet.

http：//www-curator. jsc. nasa. gov/antmet/amn/amn. com.

http：//www. antarcticconnection. com/antarctic/science/meteorites. shtml.

古代降落及发现的陨石的信息

www. meteoritearticles. com/articlesmain. html.

http：//tin. er. usgs. gov/meteor/about. html.

陨石法律相关信息

http：//articles. adsabs. harvard. edu/full/2002M%26PSB. . 37…. 5S.

http：//www. meteoritemarket. com/hobby. htm.

Australia：http：//www. meteorites. com. au/found/law. html.

金属探测器相关信息

http：//www. nuggethunter. com/detectors. htm.

www. nuggetshooter. com/Meteorite/MeteoriteMain. html.

www. novaspace. com/METEOR/Find. html.

www. members. aol. com/whiteriverlabs/shootout. html.

第十一章
从手持放大镜到显微镜 ···

第一节　运用岩相显微镜　　　　　　　　　　　　　　→

150年来，美妙的岩相显微镜一直是研究矿物、岩石和陨石的重要工具（图11.1）。大多数陨石的分类仍然取决于它。从20世纪60年代开始，众多新工具开始被用于岩石和陨石研究，如电子显微镜、电子探针、中子活化和X射线荧光光谱。但是，这种古老的

图11.1　劳伦斯·基特伍德与岩相显微镜。显微镜可以揭示陨石的组成、结构、冲击程度和风化特征等。

岩相显微镜所展示的激动人心的图案和色彩是无可替代的。当岩石和陨石被切得足够薄时,除了不透明的矿物(如铁)之外,它们的矿物将变得透明。通过岩相显微镜观察薄片可以揭示矿物和其他结构的存在,它们的分布模式、颗粒大小、结构、冲击的证据以及风化等次生反应。为了在学习完本章后测试你的技能水平,你可以尝试使用岩相显微镜或简单的自制切片来测试并对你的陨石进行分类。

我们首先研究光从显微镜到你眼睛的历程,然后考虑为什么岩相显微镜是独一无二的。光线从显微镜底部的光源向上照射,经历偏振滤光片、岩石或陨石薄片、物镜、另一个偏振滤光片,最后是目镜。请注意,偏振滤光片也叫偏光板,它们是岩相显微镜的基本特征。它们可以通过旋转以完全阻挡通过它们的光线,这个位置叫做正交偏光,简写为**XP**。如果在它们之间放置一块薄薄的岩石,大多数矿物都会发出美丽的色彩(被称为干涉色)。另一个重要特征是旋转的物台,可让你分析晶体的颜色、亮度、面理、解理和冲击效应的变化(在岩相显微镜中使用的许多其他重要工具和概念,如锥光镜、勃氏镜和附件板不在本指南中)。

岩相显微镜是一种有技术含量的仪器。要具有充分理解和欣赏的能力,需要更多的专业知识。然而,岩相显微镜的新手会发现本章对陨石的研究有很大的帮助。

一、薄片

薄片是一块薄薄的岩石或陨石,夹在玻璃质的载玻片和盖玻片之间(图 11.2 和图 11.3)。首先将一块岩石锯成一个小矩形的"薄片",将一面磨平,然后用环氧树脂将其黏合到玻璃显微镜载玻片上。接着将薄片的厚度磨至 0.03 毫米(人的细发的直径)并粘贴盖玻片。但是,如果要对不透明矿物进行观察,或者用电子探针或扫描电子显微镜进行研究,可以将薄片抛光并不用盖玻片覆盖。你会注意到标准的岩石玻璃薄片尺寸为 27 毫米×46 毫米,比标准的 76 毫米生物薄片短。在岩相显微镜下观察薄片时,要确保陨石薄片和盖玻片朝上,如果薄片截面上下颠倒,高功率目镜则可能离得不够近从而无法聚焦。

二、干涉色

通过岩相显微镜看到的矿物的艳丽颜色被称为干涉色。当偏振白光进入矿物并分成两个方向时,干涉色就会产生。沿着一条路径的光线比沿着另一条路径的光线传播得快(图 11.4)。

当两个光波离开矿物并通过另一个偏振片时,它们相互干扰并相互加强或抵消。由于进入矿物的光含有彩虹的所有颜色,每种颜色都会干扰自身,使得某些颜色被加强,其他颜色被抵消。因此,全色谱的一些颜色被抑制或去除。结果就是干涉色取决于薄片的厚度以及两个方向的光速差异(图 11.5)。

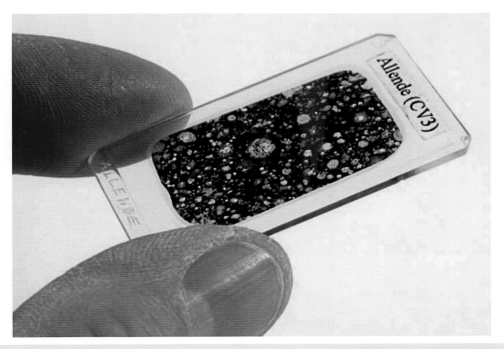

图 11.2 当磨至标准厚度 30 微米(0.03 毫米)时,岩石和陨石中的大多数硅酸盐矿物变得透明。在这个 Allende 陨石的薄片中,浅色区域是球粒、各种矿物和 CAI。黑色的不透明区域是非常细小的被称为基质的颗粒。

图 11.3 薄片由夹在两片玻璃片之间的岩石切片组成。当化学分析或不透明矿物观察完成后,岩石薄片的上表面被抛光,再将盖玻片盖上。

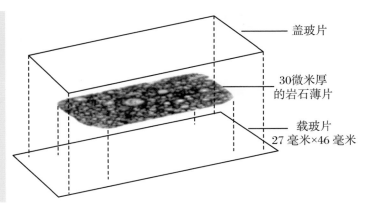

盖玻片

30微米厚的岩石薄片

载玻片
27 毫米×46 毫米

图 11.4　穿过这个方解石晶体的光线分裂并沿着两个方向行进。一个方向的光速比另一个的光速快。结果是我们看到了两个图像而不是一个。两种光速之间的差异叫做双折射。（从技术上讲，双折射是晶体两个折射率之间的差异。）

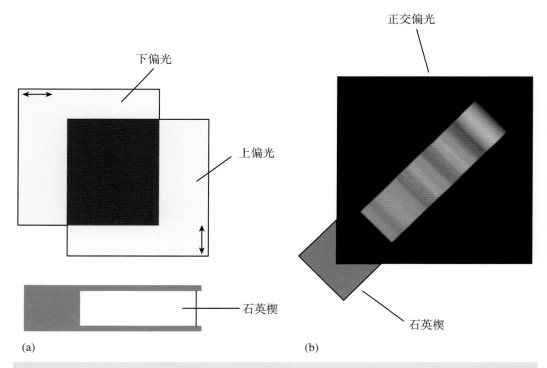

图 11.5　当精密研磨的石英楔放置在偏振滤光片之间时会产生干涉色。在(a)中，两个方形偏振滤光片已经旋转消光。在(b)中，白色偏振光进入石英并分成两条路径。光线沿着一条路径比另一条传播得更快。当光线出现时，沿着每条路径的光波可能同相或异相，这取决于楔的厚度。如果不同步，可见光谱的特定颜色将被抵消并且不会被看到。干涉色是在抵消过程之后保留的那些颜色。楔子的最薄端在右侧。

产生干涉色的矿物是双折射的，例如橄榄石、辉石和斜长石。一些矿物和材料是各向同性的，如玻璃、石榴石和金刚石。进入这些材料的光线不会分成不同的路径。当在交叉偏振滤光片之间观看时，视域将保持黑色。

第二节　制作属于自己的简易岩相显微镜　→

你可以自制简易的岩相显微镜（图11.6和图11.7）。在一对偏振滤光片之间放置一个薄片。这些滤光片可以是相机中的偏振滤光片（高质量）或偏振片（低质量）。只能使用"线性"偏振滤光片，而不要使用"圆形"偏振滤光片。用5～15倍手持放大镜观察薄片，同时从下方通过滤光片照射白光。在查看薄片之前，确保通过旋转其中一个滤光片来达到正交消光，直到所有光线都消失。

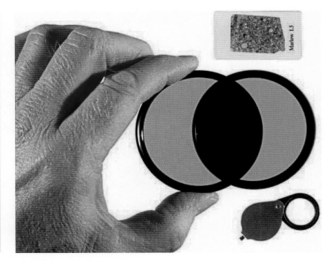

图11.6　简易显微镜所需的物品：两个偏振滤光片、一个薄片、一个光源和一个5～15倍的手持放大镜。

图11.7　将薄片放在偏光片之间，旋转偏光片直到全消光，然后用手持放大镜检查薄片。从偏光片下面投射光。光源或灯箱运行良好。

或者你可以购买便宜的显微镜或双目镜显微镜(图 11.8)并添加偏振滤光片。显微镜的放大倍数应为 10~50 倍。更好的是具有放大倍数或两级放大倍数的显微镜(第一级放大倍数为 10~50 倍;第二级放大倍数为 50~150 倍)。在将薄片放在显微镜载物台上进行观察之前,旋转其中一个滤镜,直到视域完全变黑。为了你的钱能充分实现其价值,可以考虑购买一个带有两个或三个物镜的旋转物台的便宜显微镜,然后购买两个或三个高品质物镜(约 4 倍,10 倍和 25 倍)和高品质目镜(10 倍)。

大多数陨石中多彩的矿物和结构会让你印象深刻。

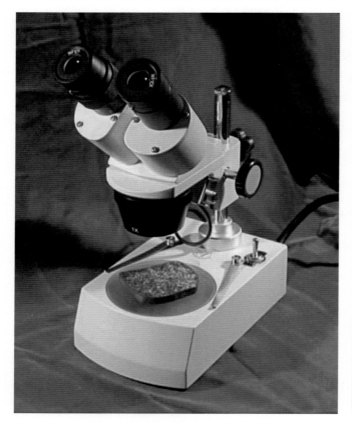

图 11.8 一台价格便宜的双目镜显微镜,可选放大倍数为 10~50 倍,可满足两项功能:在立体视觉中检查切片和未切片的陨石,可以显示许多外部和内部特征(例如熔流线和球粒)。但是双目镜显微镜可以配备偏振滤光镜,并且可以当作一台岩相显微镜使用,而且效果出奇好。

第三节 如何调整并使用岩相显微镜 →

这是一个分步且详尽进行介绍的初学者指南,帮助调整和使用岩相显微镜(图 11.9)。你将了解显微镜的部件以及它们所起的作用,如何调整以及保养显微镜。你还将学习描述和使用岩相显微镜所需的基本词汇。有些更加技术性的显微镜概念(用 * 表示)如非必须则可忽略。

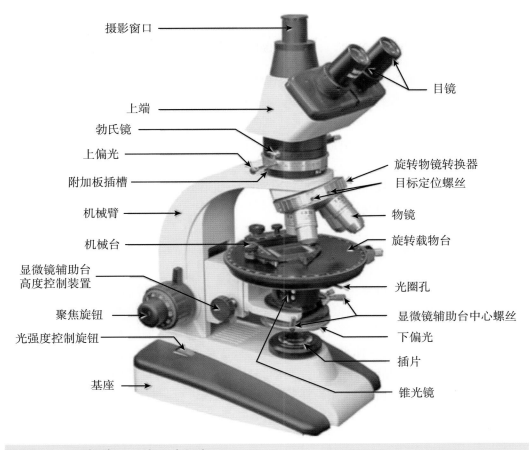

摄影窗口

目镜

上端

勃氏镜

上偏光

旋转物镜转换器

附加板插槽

目标定位螺丝

机械臂

物镜

机械台

旋转载物台

显微镜辅助台
高度控制装置

光圈孔

聚焦旋钮

显微镜辅助台中心螺丝

光强度控制旋钮

下偏光

基座

插片

锥光镜

图 11.9　岩相学显微镜及其组成。

一、光源、亮度及蓝色滤镜

打开照明灯（白炽灯光源），如果可控，则将亮度调节至约 90% 或更低。较高的亮度有利于拍摄，但将有损灯泡寿命。

大多数岩相显微镜都带有一个可拆卸的蓝色滤镜。滤镜将白炽灯的黄光转换成更类似于太阳光的中性白光。滤镜要放在照明器上。

二、可变光圈*和锥光镜*

可变光圈和锥光镜位于底座物台正下方。光圈是一个可调节的光线开口。将其调整至完全打开的位置。被称之为锥光镜的小透镜可以偏转进入或离开的光路。要确保此锥光镜不在光路中。

三、正交偏光

显微镜有两个偏振滤光片,一个在旋转物台下方,另一个在旋转物台上方。上偏光片(也叫分析仪)可以旋转90°以上。通常,旋转上偏光片将以刻度显示旋转量,零度表示正交(XP)位置。在零度位置,视域应该是黑色的。

上偏光片可以插入光路中或从光路中移除。当被移除时,薄片的图像为单偏振(PP)光图像。

下偏光片通常单独使用,但它可能没有对齐。如果上偏光片设置为零度时视域不是黑色,则旋转下偏光片,直至完全消光。

四、旋转物台

岩相显微镜的物台可旋转360°,周围标有度数。薄片中的双折射晶体在偏振光下旋转时有不同的响应。在正交偏振光(XP)中,当物台旋转时,它们先变亮再变暗。每90°它们变成黑色(或接近黑色)一次,这个位置叫做消光位。在单偏振光(PP)中,随着物台的旋转,它们可能呈现出一种或多种微妙的色彩,这是一种被称为多色性的特征。通过旋转平台,可以将诸如晶面和解理面之类的线性特征的位置与目镜中的十字线相比较。对于某些矿物,可以通过它们是平行还是倾斜于十字线进行判断。

五、勃氏镜*

如果此透镜存在,则位于上偏光片上方。我们这里不会使用它。如果使用,视野将会小得多,并且完全失焦。

六、对焦控制

同轴旋钮调整旋转台的高度并控制聚焦。较大的旋钮是粗调焦,较小的是精调焦。大多数薄片的厚度仅为0.03毫米,精细调焦旋钮的精确控制让你可以在薄片内的任何位置进行对焦。这可以在更高的放大倍率下使用。

七、物镜和目镜

紧接在薄片上方的镜头是物镜。大多数岩相显微镜都有3或4个旋转物镜,因此可以轻松选择不同的放大倍率。当物台升起时,应避免物镜和薄片之间发生碰撞,薄片和镜片可能会破裂。高倍放大的物镜必须非常靠近薄片。

岩相显微镜有一个或两个目镜。那些有两个目镜的显微镜能得到更精致和令人满意的景致。有十字线的目镜是最好的。如果用两个目镜观看,只需要一个十字准线,确保两个目镜都正确聚焦。通常其中一个可以旋转并聚焦以匹配另一个。

要确定放大倍率,请看物镜和目镜的数字,这两个数字的乘积即为放大倍数。例如,如果物镜标记为"5",目镜标记为"10",则放大倍数为 50 倍。因此,0.1 毫米宽的物体看起来宽为 5 毫米。

八、机械台

许多显微镜都有一个实用的装置叫做机械台,可以方便地在旋转物台上添加或移除。它有两个功能:首先是可以通过两个小旋钮精确控制薄片,还可以记录两个游标转盘上的数字以重新定位那些有趣的特征。其次是执行计数。计数可以给出薄片中每种成分的百分比,例如球粒、基质、玻璃和不透明矿物的百分比。要进行计数,薄片会以网格模式移动(大多数机械台上的小旋钮具有凹痕或齿轮,从而可以实现薄片的小而精确的渐进式前进),记录完全在十字线中的组成部分。通常在整个薄片上会计数几百个点,每个组成部分的总和会转换为总的百分比。

九、定心螺丝

每个物镜都有一对定心螺丝,是显微镜附带的小型专用工具,可以转动。这种调整的目的是将物台旋转中心与光路中心重合。首先,使用目镜的十字准线,以便知道视域的确切中心。然后,在物台上放一个薄片。在旋转物台的同时寻找所有旋转的薄片上的点。调整螺丝,使其正好位于十字准线中。从最低放大倍数开始将每个物镜居中。

十、三目头

在一些岩相显微镜的头上有三个观察口。两个用于目镜,第三个(通常是直指的那个)用于相机。一些显微镜有一个滑动棱镜,由控制杆发送光线至目镜或相机。还有一些具有明亮光源的显微镜将光束分开并将其同时发送到所有端口。

十一、保养与清洁

尽可能保持显微镜清洁无尘。用压缩空气和骆驼毛刷小心地清洁镜头。用镜头纸或干净、微湿的软布清除油污和指纹。避免使用酒精等溶剂,它们会将固定镜片的胶溶解。移动显微镜时仅能依靠臂和底座用力。时刻准备两到三个额外的照明灯。不使用时,用塑料或布套遮盖显微镜。

第四节　在薄片中测量目标物尺寸 →

　　你可以使用两种方法来测量显微镜中物体的大小：估算法和测量法。使用估算法时，通过显微镜观察精确到毫米的尺子并估计视场的直径，然后查看薄片中的物体，并根据视场的近似直径估算物体的大小。

　　使用测量法时，显微镜中观察到物体的尺寸要用目镜刻度尺（也叫目镜测微尺）测量。有些目镜带有内置的十字标尺。关于如何测量的其他事项稍后会讲到。为了适应不同的放大倍数，必须使用具有已知间隔距离的物台千分尺来校准刻度标尺。如果你需要物台千分尺，请考虑一个尺寸为 2 毫米、间隔为 100 的标尺。直接使用物台千分尺是不切实际的，它通常不能和微米级的薄片中的物体同时聚焦。

　　第一步：开始校准所需的设备和镜头
　　有标尺的目镜；
　　最低放大倍率；
　　物台千分尺（图 11.10）；
　　计算器。

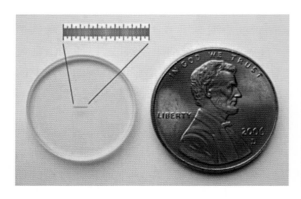

图 11.10　物台千分尺。刻度的总长度为 2 毫米，每小格的长度为 0.02 毫米。

　　第二步：放置和定位物台千分尺
　　通过从光路中去除上偏光片来使用单偏振光（PP）。
　　如有必要，旋转目镜直到目镜刻度盘水平。
　　进行目镜调焦。带有十字线刻度的目镜通常有单独的焦点控制。
　　将物台千分尺放在旋转台上并将其移动到视野中（图 11.11）。有些物台千分尺太小，无法架在显微镜物台中间开口上。如果是这样，请将物台千分尺放在薄片的清晰部分上，或将其放在透明载玻片上。

　　第三步：校准目镜刻度标尺
　　旋转并定位物台千分尺，直到它与目镜刻度标尺重叠并平行（图 11.12）。同时，准确

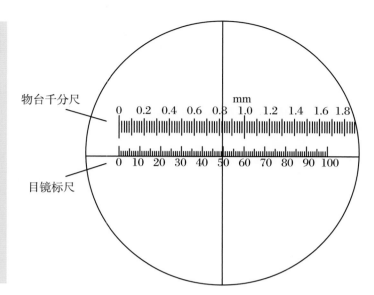

图 11.11　你在目镜中可以看到两个刻度，一个是安装在目镜上的刻度尺，另一个是放置在显微镜物台上的千分尺，物台千分尺用于校准目镜刻度标尺。

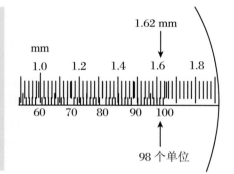

图 11.12　为了校准目镜刻度标尺，两个刻度必须重叠，并找到刻度线的重叠点，这一点应该尽可能选择在目镜标线尺度上。要计算校准系数，用物台千分尺刻度除以目镜标线所包含的单位（线）数（1.62/98＝0.0165）。

定位标线刻度的左端和目镜刻度标尺的左端。

选择一个点，使目镜刻度标尺上的一条刻度线与物台千分尺上的一条刻度线重叠。沿着这两个标尺的不同点可能会发现重叠的刻度线。为获得最高精度，尽可能向右寻找最贴切的重叠点。

使用平台千分尺确定从标尺开始到该重叠点的毫米（mm）距离（D）。有些千分尺在主要刻度位置有标记的数字（图 11.12），其他刻度没有标记数字。

使用目镜刻度标尺，确定从标尺开始到重叠点所包含的单位（线）的数量（N）。

计算校准系数（C）。将 D 除以 N，即 $C = D/N$。

每个物镜都必须进行校准。制作一个校准表（表 11.1），显示每个物镜两个刻度的距离以及计算出的目镜刻度单位之间的距离。

要测量在薄片上的距离，请使用目镜标线刻度尺测量距离，然后乘以适当的物镜的相关校准系数（C）。时刻查看你的校准表，每当你测量在薄片中的距离时，你都会用到它。

第四步:示例

表 11.1 的校准表是用尼康 POH-3 石英显微镜(使用 2 毫米级千分尺,每毫米 50 格(每格为 0.02 毫米))并执行上述步骤制作的。

通过尼康 POH-3 显微镜的 10 倍物镜,使用目镜刻线尺测量 20 个单位(线)的球粒的直径。物镜的校准系数为每单位 0.0165 毫米(图 11.12),用 20 乘以 0.0165,得球粒的直径为 0.33 毫米。

表 11.1　目镜标尺校准举例(目镜标尺必须使用物台千分尺进行校准,每个物镜都必须校准)

物镜倍数	物台千分尺刻度 D	目镜刻度 N	校准系数 $C = D/N$
4×	1.48 mm	36 格	0.041 mm/格
10×	1.62 mm	98 格	0.0165 mm/格
40×	0.40 mm	97 格	0.0041 mm/格

第五节　运用反射光和透射光 →

薄片通常在透射光下观看,也就是说,光线可以穿过薄片的透明矿物。然而,反射光可以用来识别许多不透明的矿物(例如金属和陨硫铁等)。高端的岩相显微镜配备第二个内置照明器,可将偏振光照射到抛光薄片或小型抛光样品块表面。不透明矿物反射的光线为鉴定提供了有价值的信息。盖玻片限制了对不透明矿物的观察,同样也限制了可以识别的不透明矿物的数量,但对于研究它们的位置、形状、大小、种类和分布是有价值的。

抛光与未抛光表面反射的光线完全不同。从抛光表面看,光线就像被镜子反射一样。从未抛光的表面看,反射的光线会散射到各个方向。两种类型表面的反射光颜色都相似。

由于大多数岩相显微镜没有内置的反射光源,因此需要使用外部光源照亮薄片的顶部。可以使用带有聚焦的明亮手电筒;更好的方法是使用一根可以传导光的柔性光缆(图 11.13)。在高倍率下,外部照明可能很困难,因为物镜必须十分靠近薄片。

图 11.13　用反射光观察陨石薄片。用光缆提供的人工光源瞄准薄片顶部,明亮的手电筒也可以派上用场。

图 11.14 显示了陨石在透射光(PP 和 XP)和反射光(RL)下的照片。每种方法都揭示了不同的、有价值的信息。

图 11.14 使用透射光或反射光观察陨石薄片。所有照片都拍摄了薄片的相同位置,但不同类型的照明或照明组合可以显示薄片中的不同信息。(陨石薄片:Julesburg,L3.6 型普通球粒陨石。)

（a）反射光线（RL）下突出显示金属铁（银色）和陨硫铁（青铜色），它们围绕球粒分布。

（b）单偏光（PP）下可以观察球粒的结构以及球粒之间的不透明区域。大多数球粒是斑状的,在视域左上角有一个放射状的辉石球粒。

（c）正交偏光（XP）显示了球粒中晶体的干涉色。明亮的彩色晶体是橄榄石,灰色的晶体是顽辉石——一种斜方辉石。

（d）将反射和单偏光（RL 和 PP）组合起来,可以显示球粒的结构以及金属铁、陨硫铁和基质的分布区域。

（e）将反射光和正交偏光（RL 和 XP）组合,可以显示金属铁、陨硫铁、基质和晶体的干涉色,但结构不太清晰。

第六节　利用薄片鉴定陨石

一、判断陨石的基本组成

岩相显微镜让我们可以直接看到陨石的重要组成部分。本节将讨论矿物、玻璃、球粒、基质和CAI，以及如何识别它们。

（一）矿物和玻璃

大多数矿物对光线有独特的反应，这意味着许多矿物可以通过光学特征来鉴别。有关晶体的形状、解理和其他特征的知识对鉴别矿物非常有用。在薄片中，矿物通常是透明或不透明的。在透射光下观察透明矿物（光线穿过薄片）；在反射光下可以观察不透明矿物（光线从薄片的表面被反射）。

在薄片中观察的透明矿物是各向同性或各向异性的。当旋转物台时，各向同性的矿物（如石榴石、尖晶石或氯化钠晶体等）在正交偏光下一直是黑色的。这些矿物具有高度的对称性，只有一个折射率，光在各个方向以相同的速率传播。玻璃（不是严格意义上的矿物）也是各向同性的。入射光通过各向异性的矿物时会分裂成两条光线。这会导致矿物显示出干涉色并在旋转物台时产生消光，同种矿物消光的位置是固定的。各向异性矿物分为单轴和双轴矿物。单轴矿物（如石英、方解石和方柱石）有2种折射指数，即2种光速。双轴矿物——最不对称的矿物（如橄榄石、辉石和斜长石）有3种折射指数，即3种光速。

所有各向异性矿物的最高折射率和最低折射率之间的差异叫做双折射率。双折射率随薄片中矿物的晶体取向而变化。但是，在矿物鉴别中，最大差异（最高双折射率）将作为识别矿物的主要依据。

图11.15展示了30微米厚标准薄片的标准干涉色图。在陨石中发现的最常见的矿物列在它们的干涉色旁边。请记住，这些干涉色是在正交偏光下观察时产生的颜色，并且是当矿物位于最高双折射位置时的颜色。任何这些矿物的颜色可以从它们的最高干涉色（黑色条）到所有中间干涉色再到黑色过渡（在图表的顶部）。

请注意，这些矿物基于其双折射分为3组。在球粒陨石中，富含镁的橄榄石晶体将根据其晶体取向显示一级至二级干涉色。单斜辉石将显示二级干涉色（对于任何岩相学家来说，均难以区分普通辉石、透辉石和易变辉石）。其他所有矿物将只显示一级干涉色，主要是灰色和白色。

然而，不能完全根据矿物美丽的干涉色来确定矿物的类型，还需要结合其他显著的特征来综合判断。表11.2总结了陨石中最常见矿物的特征。例如，顽辉石和单斜辉石的干涉色是难以区分的。但是，这两种矿物很容易通过是否存在双晶以及在显微镜载物台旋转时的消光位来判断。图11.16～图11.26显示了表11.2中列举的矿物。

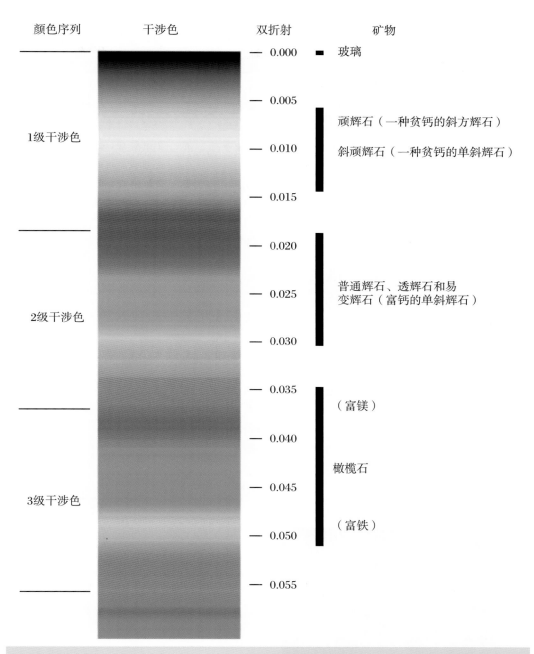

图 11.15 30 微米厚的薄片显示的干涉色图像。当用正交偏光观察矿物时，它将显示与其在图表上的位置相对应的干涉色。但是，矿物必须处于最高的双折射率的位置。由于矿物的取向通常是随机的，所以干涉色可以从黑色（零双折射）到其最大干涉色（最高双折射）连续变化。由于化学成分有变化，图右边的黑条表示这些矿物的最大双折射范围，前 4 种矿物都具有类似的双折射范围。

表 11.2　岩相学显微镜下普通球粒陨石中常见矿物的鉴定特征

矿物	化学组成	干涉色	双晶	解理	反射光
橄榄石	$(Mg,Fe)_2SiO_4$	二级高	无	无	—
斜方辉石（顽辉石）	$(Mg,Fe)_2Si_2O_6$	一级中等	无	2 组解理，沿十字准线消光	—
单斜辉石（单斜顽辉石）	$(Mg,Fe)_2Si_2O_6$	一级中等	有	2 组解理，沿十字准线斜消光	—
单斜辉石（易变辉石、普通辉石、透辉石、深绿辉石）	$Ca(Mg,Fe)Si_2O_6$	二级	有	2 组解理，沿十字准线斜消光	—
斜长石	$Ca(Al_2Si_2O_8)$ — $Na(AlSi_3O_8)$	一级中等	有	2 组斜交解理	—
方柱石（黄长石）	$(Ca,Na)_2(Al,Mg)$ $(Si,Al)_2O_7$	一级中等	无	有	—
熔长石（长石熔融玻璃）	$Ca(Al_2Si_2O_8)$ — $Na(AlSi_3O_8)$	均质体，全消光	无	无	—
玻璃	成分变化较大	均质体，全消光	无	无	—
黏土矿物（含水层状硅酸盐）	含有层状硅酸盐	一级到二级中等（细粒集合体）	无	有	—
铁镍合金	FeNi 混合物（Ni 含量为 5%～20%）	不透明	—	—	浅灰白色到银白色
陨硫铁	FeS	不透明	—	—	古铜色

图 11.16　橄榄石。这些糙粒的晶体，许多晶面边缘为直线，缺少解理（但发育裂隙），并且由于它们的随机取向而表现出一系列的一级和二级干涉色。（吉林陨石，H5 型普通球粒陨石。）

图 11.17　顽辉石（贫钙的斜方辉石）。当平直且平行的解理与目镜十字线对齐时，晶体会消光（变黑）。（NWA 1182, Howardite。）

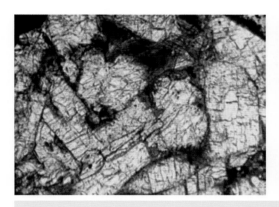

图 11.18　单斜辉石。顽辉石和单斜辉石看起来相似，并在正交偏光中显示一级灰色。它们可以通过双晶和消光位来区分。顽辉石的双晶表现为正交偏光下平行、细长、交替的明亮和暗灰色条带（右图），但在单偏光中无法看到（左图）。（Parnallee, LL3.6 型普通球粒陨石。）

图 11.19　富钙单斜辉石。二级干涉色，彼此接近 90° 的两组解理，斜消光且具有较宽间距的双晶，因此将该晶体确定为富钙单斜辉石。（NWA 1909, Eucrite。）

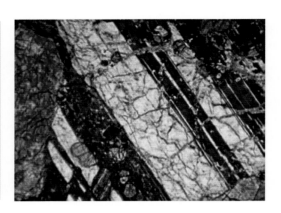

图 11.20 斜长石。特征为具有连续变化的深灰色和白色配对的双晶条带。（XP，Dhofar 007，Eucrite。）

图 11.21 斜长石。细长的聚片双晶的灰色色调类似地球上的玄武岩，这种现象在月球、火星和分异的小行星中比较普遍。（XP，Millbillillie，Eucrite。）

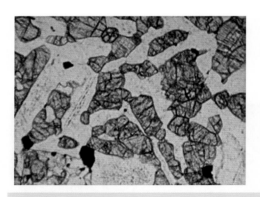

图 11.22 斜长石和富钙单斜辉石。在单偏光（左图）中，白色区域为斜长石，中褐色区域为单斜辉石，小的黑色区域为不透明矿物。在正交偏光（右图）中，斜长石出现在不同程度的灰色阴影中，并有一些双晶。单斜辉石显示一级高或二级低干涉色。（NWA 1909，Eucrite。）

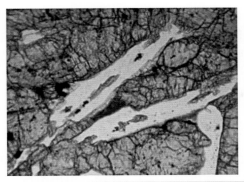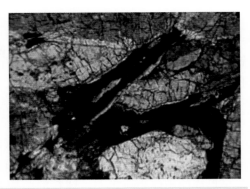

图11.23　熔长石。在单偏光（左图）中，白色区域是熔长石，一种从冲击熔融的斜长石晶体中冷却的长石质玻璃。在正交偏光（右图）中，各向同性的玻璃是黑色的，并且在显微镜物台旋转时保持黑色。富钙的单斜辉石以明亮的二级干涉色发光。（Zagami，辉玻无球粒火星陨石。）

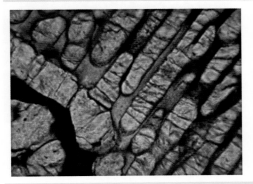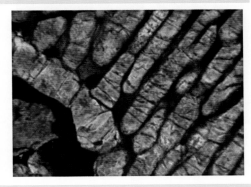

图11.24　炉条状橄榄石球粒中的玻璃。将左侧照片（PP）中的中灰色区域与右侧照片（XP）中相应的黑色区域进行比较。这些区域是由三维连接的单个树枝状橄榄石晶体的条状物包围的玻璃。（Barratta，L3.8型普通球粒陨石。）

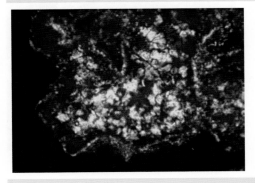

图11.25　CAI中的黄长石。它们通常被发现于CAI中，黄长石双晶不发育，并显示从灰色到白色的一级干涉色。（XP，Allende，CV3.2型碳质球粒陨石。）

图11.26　银白色的铁镍金属和青铜色的陨硫铁。由于制备薄片磨料的影响，两者都具有粒状结构。（RL，Julesburg，L3.6型普通球粒陨石。）

当在单偏光（PP）中观察薄片时，一些矿物显示出多色性。如果在旋转物台时看到一种以上的颜色，则该矿物具有多色性。颜色可能会消失。大多数陨石中的辉石都是富镁辉石，多色性很弱或几乎没有。但随着铁含量的增加，辉石变得越来越多彩，呈浅黄色、绿色、粉红色和棕色。

（二）球粒

球粒是大多数球粒陨石的典型特征（图11.27～图11.33）。

在岩相显微镜下可以看到，球粒陨石具有近球形的球粒，构成球粒结构，是太阳系中最早形成的固体物质之一。球粒的结构多种多样，颜色绚丽多彩，在陨石中出类拔萃。我们可以看看第四章中球粒的照片，观察它们的种类、干涉色和结构。

图11.27　斑状橄榄石-辉石（POP）球粒。五颜六色、较小的晶体是橄榄石。较大的、细长或块状的浅灰色晶体是辉石。（Allende，CV3.2型碳质球粒陨石。）

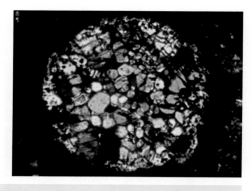

图11.28　斑状橄榄石（PO）球粒。几乎所有的橄榄石晶体的朝向都不同。一些黑色和深灰色区域是近乎消光的橄榄石晶体。（Allende，CV3.2型碳质球粒陨石。）

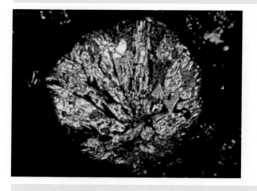

图11.29　斑状辉石（PP）球粒。浅灰色的辉石（单斜辉石）块状晶体似乎从一些PP球粒的某一点散发出来。一些橄榄石晶体散布在周围。（Allende，CV3.2型碳质球粒陨石。）

图11.30　放射状辉石（RP）球粒。细长的辉石晶体（顽辉石）从一个点辐射出来。一些RP球粒有两个或更多的辐射点。垂直取向的细长晶体处于消光位，产生黑影。（Marlow，L5型普通球粒陨石。）

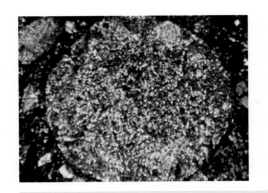

图 11.31　隐晶质(C)球粒。"隐晶质"指的是微观晶体的丰富性和混乱性,通常太小而无法被观察到。(NWA 096,H3.8 型普通球粒陨石。)

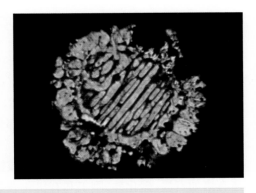

图 11.32　炉条状橄榄石(BO)球粒。橄榄石条带从熔滴向内生长。条带之间的黑暗部分是玻璃质。(Allende,CV3.2 型碳质球粒陨石。)

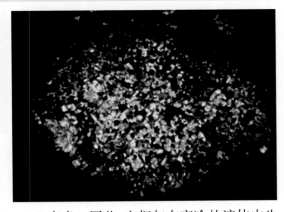

图 11.33　粒状橄榄石-辉石(GOP)球粒。小颗粒橄榄石、辉石晶体和黑色玻璃形成马赛克消光。(Allende,CV3.2 型碳质球粒陨石。)

　　球粒曾经是熔化的小液滴,直径为 0.1～4.0 毫米。因此,它们与在变冷的液体中生长的晶体一样是岩浆成因的。这些晶体的结构分为斑状(在细粒基质中的大晶体)、炉条状(由平行的橄榄石条带组成)、放射状(细粒纤维状辉石)、粒状(晶粒尺寸大致相等)和隐晶质(晶体太小而不能在显微镜中清楚地识别)。表 11.3 给出了基于这些结构的球粒的分类汇总。所有这些类型都可以在球粒图库中看到。

表 11.3　球粒的结构类型

类型	结构和矿物	含量(%)
POP	斑状橄榄石-辉石	48
PO	斑状橄榄石	23
PP	斑状辉石	10
RP	放射状辉石	7
C	隐晶质	5
BO	炉条状橄榄石	4
GOP	粒状橄榄石-辉石	3

你应该能够在表 11.3 和球粒图库的帮助下对大多数球粒进行分类。

（三）基质

被称为基质的非常细的物质组成了球粒陨石中的不透明区域，在这些区域中分布着小球粒、CAI、矿物晶体和各种其他包体（图 11.34）。光学显微镜，包括岩相显微镜，不能分辨小于约 0.5 微米的粒子。由于大部分基质颗粒小于这个尺寸，微小的矿物颗粒只能用电子显微镜分辨。

基质通常由破碎的球粒、金属、陨硫铁、橄榄石、辉石和斜长石的碎片和集合体组成，还有诸如石墨、碳化硅、刚玉和有机化合物等组成的前太阳系颗粒。每个陨石群的基质具有不同的历史和不同的物质组合，基质在单偏光和正交偏光中均不透明。

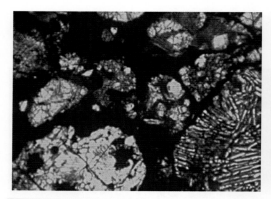

图 11.34　基质是晶体碎片和球粒之间的黑色区域。在单偏光（PP，左）和正交偏光（XP，右）中，基质保持黑色，表明玻璃不是基质的主要成分。（L'hmada，LL3.5 型普通球粒陨石。）

（四）富钙铝包体

几种富钙铝包体（CAI）几乎全部在碳质球粒陨石中被发现。CV 型碳质球粒陨石（特别是 Allende）中有许多类型的 CAI，最容易识别的一种是由细粒橄榄石组成的蠕虫状的 CAI（图 11.35），透辉石组成其明亮的边缘环带。CAI 的起源仍然是一个谜，它们可能直接从前太阳的高温气体中凝结成固体或液体，并在尘埃中富集。

二、球粒陨石类型划分

当你可以自如地判断普通球粒陨石时（球粒、矿物、金属、基质、CAI 和来自前几次冲击母体的碎片），可以考虑尝试利用表 11.4 和表 11.5 中的信息对已知和未知的陨石进行分类。你的分类可能很接近最终结果（但是一个可靠的分类还需要包括化学组分在内的其他重要信息）。

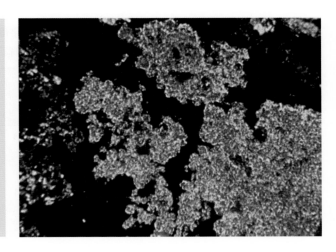

图 11.35　这种变形的橄榄石集合体是碳质陨石中常见的 CAI 之一，尤其是在 CV 型碳质球粒陨石中。明亮且有色环带的是透辉石。（Allende，CV3.2 型碳质球粒陨石。）

一些球粒陨石被分类为一个化学群的一个或两个字母符号，以及一个岩石类型的数字。例如，H6 代表强烈重结晶（岩石类型为 6）的高铁（H）群普通球粒陨石；CV3 表示 Vigarano 型碳质球粒陨石，其具有典型原始球粒结构和矿物学特征，几乎没有重结晶的迹象（岩石类型为 3）。

不同化学群的球粒陨石显然来自不同的受巨大冲击而破裂的母体。母体是陨石的组成物质以不同比例聚集的场所。

放射性加热使原始母体部分熔融，并使它们的岩石热变质（重结晶）。球粒陨石有加热重结晶的证据。例如，球粒中的玻璃已经转变成晶体。岩石类型对应于温度和重结晶的程度，这实际上是两者重叠的尺度。岩石类型为 1 和 2 型的陨石已经被水（含水蚀变，低温）广泛改变，并且蚀变延伸到 3 型陨石中。岩石类型为 4～6 型的陨石已经被热广泛地改造并且热作用也延伸到类型 3 中。在岩相显微镜下，3 型陨石几乎没有可见的蚀变。这听起来很让人迷惑？欢迎来到让人困惑的科学世界。

要将你的陨石分类，首先使用表 11.4 来确定它的化学群。从薄片中直观地估计并列出每个组分的百分比。或者为了获得最佳结果，请使用点计数器来更精确地确定百分比。接下来，用表 11.5 来确定你的陨石的岩相学类型。查找表中描述的特征，如果有些令人费解或不适用，请不要感到惊讶。

三、陨石结构特征及其意义

陨石的结构是在薄片中看到的独特识别特征（例如形状、图案和矿物的排列）。它们可以为我们提供有关太空中岩石的起源与历史的重要信息。一些结构的意义仍在争论中。接下来我们将简要描述一下结构并讨论其重要性。

岩屑：指破碎的岩石碎片或碎石。石陨石中可能有大量的棱角状碎屑，如球粒、晶体和岩石的碎块（图 11.36）。角砾岩是完全由棱角状矿物和各种尺寸的岩屑构成的碎屑岩，包括组成基质的尘埃大小的颗粒。当角砾岩中的碎屑和基质是同一类岩石时，它是

表 11.4　使用可区分的岩石学特征分类陨石(用 1 或 2 个字母将四大类球粒陨石——碳质球粒陨石、普通球粒陨石、R 型球粒陨石和顽辉石球粒陨石分为不同的组)

标准	碳质球粒陨石								普通球粒陨石			R 型球粒陨石	顽辉石球粒陨石	
	CI	CM	CO	CV	CK	CR	CH	CB	H	L	LL	R	EL	EH
球粒大小(毫米)	不适用	0.3	0.15	1.0	1.0	0.7	0.02	2~10	0.3	0.7	0.9	0.4	0.6	0.2
基质(%)	>99	70	34	40	40	30~50	5	<1	10~15	10~15	10~15	36	2~15	2~15
球粒(%)	<1	20	48	45	45	50~60	70	20~40	60~80	60~80	60~80	>40	60~80	60~80
CAI(%)	<1	5	13	10	10	0.5	0.1	<1	<1	<1	<1	0	<1	<1
金属(%)	0	0.1	1~5	0~5	0~5	5~8	20	60~80	8	4	2	0.1	10	10
橄榄石(%)	<1	30	>50	>50	>50	40	6	?	39	48	58	50~75	<1	<1
辉石(%)	<1	少量	少量	少量	少量	10	60	?	28	24	16	0~13	70	65

表 11.5　岩石类型鉴定特征

标准	含水蚀变(低温)		极微弱或没有变质	热变质(高温)		
	1 型	2 型	3 型	4 型	5 型	6 型
球粒特征	不含球粒	边界清楚		边界基本清楚	边界模糊	边界非常模糊
斜长石	不含			粒径为 2 微米	粒径为 2~50 微米	粒径>50 微米
球粒中的玻璃	不含	大部分蚀变	清楚的玻璃	浑浊	玻璃结晶	
基质	不透明			半透明,细粒	半透明到透明,中粒	完全透明,粗粒
辉石	不含	显著双晶		部分为斜方辉石	斜方辉石-单斜辉石	单斜辉石

单矿碎屑角砾岩(图 11.37)。当碎屑具有不同的矿物和结构时,它就是复矿碎屑角砾岩(图 11.38)。在低倍放大的薄片中,可以详细观察碎屑的相似性(单矿)和差异性(复矿)。

　　解理:由于晶体结构中的弱原子键,矿物可以沿着薄弱的结合面裂开。在薄片中,这些断面显示为一组或多组平行线(图 11.39)。它们的存在有助于识别矿物。与辉石不同,橄榄石没有明显的解理。

隐晶质:晶体太小而不能在岩相显微镜中识别。这种结构的例子是隐晶质球粒和球粒陨石中的基质(图 11.40)。

晶面[①]:晶体中的自形、半自形和他形晶体描述了晶面的良好程度。自形晶体完全由良好的晶面包围(图 11.42)。他形晶体则完全缺乏晶面。半自形晶体具有部分晶面。在薄片中,如果其轮廓具有对称的直线,则晶面良好。

(a)

(b)

图 11.36　岩屑。这是来自一个或多个先前存在的岩石的碎片(碎块)。在单偏光(图(a))中可以清楚地看到大小不一的碎屑。在正交偏光(图(b))中可以看到的小碎片较少,但是干涉色有助于识别矿物。(Kapoeta,Howardite)

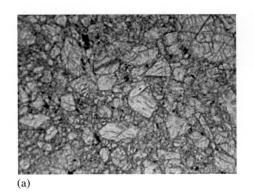
(a)

(b)

图 11.37　单矿碎屑角砾岩。角砾岩是由破碎的岩石碎片组成的岩石或陨石。如果岩石碎片具有相同的组成和结构,则角砾岩是属于单矿碎屑岩。在图中,可以看到 3 个以上的岩石碎片,但它们的边界确实很微妙。PP(图(a)),XP(图(b))。(Bilanga,Diogenite。)

①　晶体在自发生长过程中可发育出由不同取向的平面所组成的多面体外形,这些多面体外形中的平面叫做晶面。——译者注

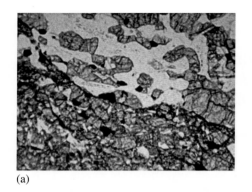

(a)

(b)

图 11.38　复矿碎屑角砾岩。两个岩石碎片之间具有不规则的边界，从左上角延伸到右下角（在单偏光下，即图（a）中看得最清楚）。晶体大小和不同晶体的百分比差异明显。复矿碎屑角砾岩由两种或更多类型的岩石碎片组成。PP（图（a）），XP（图（b））。（NWA 1909，Eucrite。）

图 11.39　解理。许多晶体在原子晶格内沿着脆弱面破裂。在薄片中，这些断裂表现为可用于识别矿物的平行线。在单斜辉石中，这种破裂可能是由撞击引起并增强的。PP（图（a）），XP（图（b））。（Portales Valley，H6 型普通球粒陨石。）

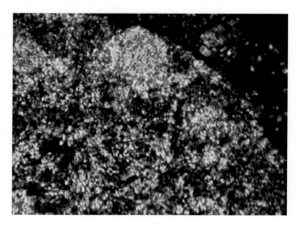

图 11.40　隐晶质。晶体太小而无法通过光学显微镜识别的结构。（XP，NWA 096，H3.8 型普通球粒陨石。）

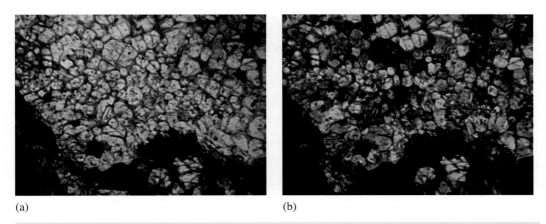

(a)　　　　　　　　　　　　　　　　　　(b)

图 11.41　等粒结构。当晶体聚集体中晶体的尺寸相似时，就说岩石或聚集体具有等粒结构。在这张图中，晶体基本上都是橄榄石。PP（图(a)），XP（图(b)）。（Moorabie，L3.8型普通球粒陨石。）

图 11.42　自形。在熔融结晶过程中不受阻碍地生长的晶体形成的形态特征。这些六边形橄榄石晶体的边缘都为直线。（XP，Parnallee，L3.6型普通球粒陨石。）

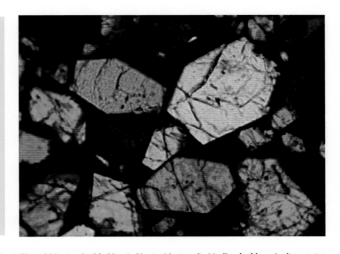

　　堆晶：一种中到大型的半自形矿物颗粒和由其他矿物斑块组成的集合体，它们已经沉降到岩浆房的底部。堆晶在地球岩石和陨石中均能看到，说明它们形成于能够产生岩浆房的大型母体。

　　树枝状结构：指的是一种分支结晶的矿物，类似于生长在窗户玻璃上的羽毛状冰晶分支。树枝状晶体通常在快速冷却的液体中快速生长，例如在球粒中的炉条状橄榄石。

　　港湾状结构：指具有微型海湾状形态的晶体，其中部分晶体已被吸收或溶解回周围的熔融岩石中。

　　等轴结构：指所有方向上具有相同或几乎相同直径的晶体。

　　等粒（也是粒状）：指矿物粒度大致相同的岩石（图 11.41）。

　　聚晶：同一矿物的晶体聚集体。

　　聚斑状：指分散在整个火成岩中的斑晶簇。

花岗变晶：指在固态下通过重结晶形成的等粒度的变质结构。一些有分异的陨石表现为等粒的矿物颗粒相互堆积。晶粒形成多边形并且它们的边以大约120°从三个晶粒结处向外辐射。这是来自其母体中高度热变质但未熔化区域的陨石的特征。

微晶：晶体足够小，只有在显微镜下才能看到。

辉绿结构：一种典型的岩浆成因结构，其特征是斜长石和辉石晶体大小相差不大，自形板条状斜长石组成的三角形空间中被他形的辉石颗粒充填。

斑晶：肉眼可见的火成岩中较小的晶体中分布着的较大晶体。较早形成的晶体冷却时间较长，晶体较大。

包含结构：一种岩浆成因的结构，其特征是一种矿物的小颗粒不规则地散布在另一种矿物的较大晶体内。这种纹理表明，小晶体首先生长，或者它可能意味着小晶体和大晶体同时生长，大晶体生长得更快（图 11.43）。

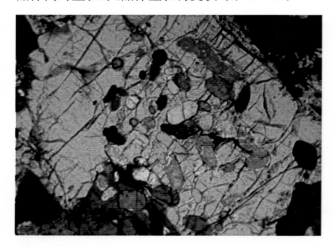

图 11.43 包含结构。一种矿物的小颗粒在另一种矿物的较大晶体中散布。在这个图中，小型多彩的橄榄石晶粒被单个大型斜方辉石晶体包围。（XP，Mt. Tazerait，L5 型普通球粒陨石。）

孔隙：有许多可见或微观的开口或孔。

斑状结构：指火成岩，其中较大晶体（斑晶）置于细粒基质中。

双晶：同一种矿物的两个晶体以对称的方式相互生长。当多个相同矿物共生的双晶并排排列时，它们被称为复合双晶（图 11.44）。

气孔：指岩石熔化时膨胀气体形成的具有丰富囊泡的火成岩。Baszkówka 陨石、Seratov 陨石和 Ibitira 陨石具有气孔结构。

环带：晶体从核心到边缘的组分不断变化。不断变化的组分改变了晶体的光学特性，其表现为干涉色的变化或消光角的变化。

四、冲击结构及冲击阶段

许多球粒陨石都在其漫长历史上遭受过一次或多次高速冲击。巨大冲击波穿过受冲击的母体，导致压裂、晶体变形、熔融、熔体注入裂缝。这些效应如下所述，用于区分陨石的不同冲击阶段，如表 11.5 所示。

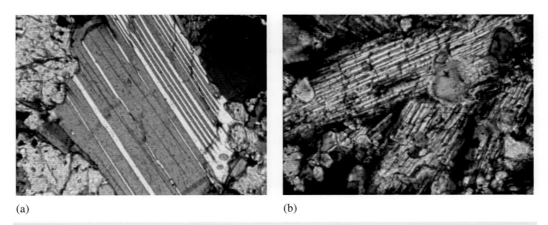

(a)   (b)

图11.44 斜长石聚片双晶(图(a))和单斜辉石(图(b))。请注意斜长石细长平直的双晶,以及顽辉石较粗且间隙较小的双晶。鲜艳的矿物(图(b))是橄榄石。(XP。图(a)为 NWA 047,Eucrite;图(b)为 Parnallee,L3.6型普通球粒陨石。)

波状消光:随着显微镜物台旋转,晶体的相邻区域相继出现的一种消光现象(图11.45)。

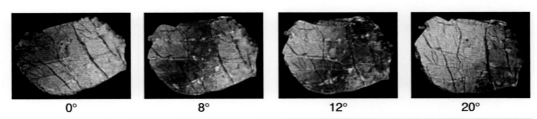

0°   8°   12°   20°

图11.45 陨石中的橄榄石、辉石和斜长石晶体中常见波状消光,表明晶体在过去经历了很高的冲击压力。当显微镜物台旋转时,波浪状的阴影扫过这个冲击后的橄榄石晶体。未冲击的晶体随着旋转变暗并均匀地消光。(XP,Moorabie,L3.8型普通球粒陨石。)

马赛克消光:当显微镜物台在消光点处稍微旋转时,在正交偏光下看到的单晶中的马赛克图案。冲击已经将晶体分解成各向异性的单独的小区域,就像碎石铺成的路面(图11.46)。

面状裂隙:受冲击晶体形成的一组平行裂缝(图11.47)。

冲击脉和熔融囊:冲击熔融过程中形成的线状或席状金属和玻璃质(图11.48)。

熔长石:斜长石玻璃。在冲击过程中承受了巨大的压力,将高度有序的斜长石晶体结构转化为高度无序的玻璃。令人惊讶的是,原始的晶体形状、晶面和边缘通常保留了下来。但斜长石中常见的双晶结构已被消除(表11.6)。

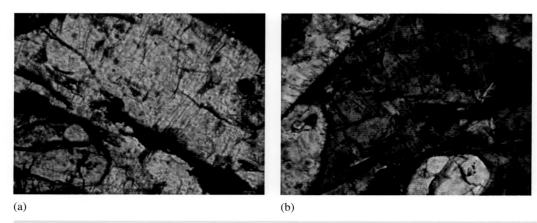

(a)　　　　　　　　　　　　　(b)

图 11.46　马赛克消光。图(a)显示了旋转到最亮位置的斜方辉石晶体。在图(b)中，斜方辉石逆时针旋转到消光位。暗灰色的斑点图案代替完全消光，这是马赛克消光的现象。绿色矿物是橄榄石。(XP,Barratta,L3.8 型普通球粒陨石。)

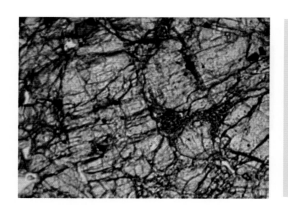

图 11.47　面状裂隙。注意中心左侧橄榄石的平行裂缝。(PP,Tenham,L6 型普通球粒陨石。)

图 11.48　冲击脉在照片的中心形成不规则的黑色环。黑色熔脉向右上方延伸。脉体主要由玻璃质组成，但已经变得不透明。(PP,Barratta,L3.8 型普通球粒陨石。)

表11.6 球粒陨石的冲击变质阶段划分(球粒陨石冲击变质阶段划分是基于对薄片的观察 (Stöffler,Keil 和 Scott,陨石的冲击变))

冲击阶段	晶体变质效应	局部冲击效应	冲击压力(吉帕)
S1－无冲击	正常消光	无	—
S2－很弱冲击	波状消光,辉石平面有裂隙	无	<4～5
S3－弱冲击	波状消光,橄榄石平面有裂隙,辉石出融片晶	不透明的冲击脉,部分熔融囊,冲击脉和熔融囊互相连接	5～10
S4－中等冲击	弱的马赛克消光,橄榄石和辉石平面有裂隙,斜长石部分转变为熔长石	不透明的冲击脉,部分冲击熔囊和冲击脉互相连接	10～15
S5－强烈冲击	强烈的马赛克消光和面状裂隙,斜长石全部转变为熔长石	普遍的熔融囊、熔脉和不透明的冲击脉	25～30
S6－非常强烈冲击	局部区域晶体熔融	普遍的熔融囊、熔脉和不透明的冲击脉	45～60
冲击熔融	岩石全部熔融,产生熔体和熔融角砾		75～90

第七节　风化——陨石的大敌　　　　　　　　　　→

　　当陨石降落到地球上时,它们便处于一个具有充足的氧气、水和土壤的世界。它们立即开始氧化并与水结合。即使在沙漠中,化学反应最终也会将所有陨石转变成无法识别的土壤。

　　今天常用的风化程度标准(表11.7):(1)金属和陨硫铁的氧化(生锈)量;(2)硅酸盐矿物(主要是橄榄石、辉石和斜长石)氧化及黏土化的程度。金属(FeNi)和陨硫铁会受到 W1 至 W4 风化等级的影响,只有很少一部分能存留到 W5 和 W6。

　　使用薄片划分风化程度(图11.49 和图11.50)。在单偏光(PP)和反射光(RL)中使用带有盖玻片的薄片通常足以估计球粒陨石的风化程度。

表11.7 风化等级划分(通过薄片鉴定确定陨石的风化等级,金属和陨硫铁比硅酸盐更加容易风化,金属和陨硫铁的氧化和含水蚀变可形成橙色到红棕色的铁锈(据 Wlotzka))

风化等级	特　征
W0	无明显氧化,在透射光下可以看到黄棕色褐铁矿浸染
W1	金属和陨硫铁周边可见氧化带,存在少量的氧化脉
W2	金属中等程度氧化,20%～60%受影响
W3	金属和陨硫铁高度氧化,60%～95%被置换
W4	金属和陨硫铁完全氧化(>95%),但是还没有硅酸盐的蚀变
W5	橄榄石和辉石沿着裂隙轻微蚀变
W6	大部分硅酸盐蚀变为黏土类矿物

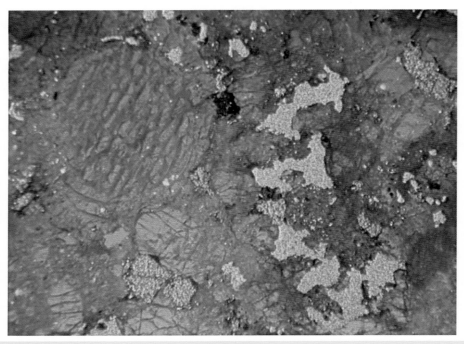

图 11.49　风化等级 W0。样品被褐铁矿浸染,但没有可见的金属或陨硫铁的氧化。(RL,Pultusk,H5 型普通球粒陨石。)

图 11.50　风化等级 W3。金属和陨硫铁中等程度氧化。(RL,Korra Korrabes,H3 型普通球粒陨石。)

第八节　薄片的拍照 →

　　本书中大多数陨石薄片的显微照片都是用安装在岩相显微镜上的数码相机采用无焦摄影方法拍摄的。一些照片是在没有显微镜的情况下通过相机的特写镜头拍摄的,这是一个被称为微距摄影的摄影领域。本节将为选择数码相机和拍摄薄片提供有用的技巧和指导。拍完照片后,图像处理软件可以轻松改善图像质量。有关其他信息可以在互联网上查询。无焦摄影通常用于显微镜和业余天文学家的望远镜。

一、宏观(微距)拍摄

大多数数码相机都有拍摄近距离或微距照片的设置,通常是花朵的图标。特写照片可以包含薄片的部分或全部,并且在打印为 4 英寸×6 英寸照片时可以适度调整 2～5 倍放大率。图 11.51 展示了拍摄薄片的微距照片的一般设置。同样,这个和其他设置一样都需要漫射照明、偏光镜和色彩校正(白平衡)。图 11.52 显示了使用图 11.51 中的设置拍摄的特写照片。

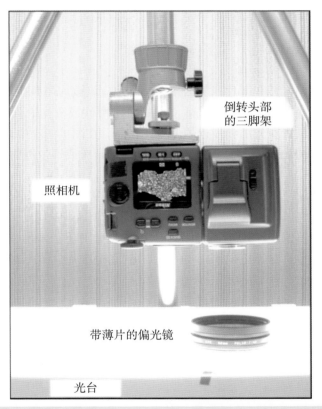

图 11.51　拍摄细节特写照片的设置。两个偏光镜之间的薄片放置在漫射光源上,本例中是一个灯箱。将相机安装在三脚架的倒置头上,并安置在偏光镜的正上方。将相机设置为微距模式。交叉偏振片,使光线无法通过。相机表面的反光需要遮挡。在一张黑色纸上为偏光片切一个孔,然后将纸放在光源台上。

图 11.52 使用图 11.51 中的设置拍摄的薄片的特写照片。这块 LL3 型普通球粒陨石充满了五颜六色的球粒，并且其基质被风化成深棕色。图像的宽度为 32 毫米。

二、漫射照明

光源必须通过偏光镜和薄片照射到相机。薄片应该被均匀照亮，没有特别明亮或黑暗的区域。你可以使用工程师和建筑师使用的无色磨砂或哑光表面聚酯薄膜制作简单的漫射器。将薄片放置在光源和最近的偏光片之间。在图 11.51 中，灯台的半透明塑料盖扩散了灯泡下方的光线。为了突出金属，可以使用带有或不带透射光的反射光。

三、偏振光

你可以选择以单偏光（PP）或正交偏光（XP）拍摄。对于单偏光，取下上偏振片，并将薄片放在下偏振片上。对于正交偏光，将薄片放置在偏振片之间。确保偏光镜旋转到完全消光。

四、白平衡

当太阳高升并且天空晴朗时，阳光会提供典型的白光。如果你将阳光作为光源，请将相机的白平衡设置为"日光"。由于更多情况下会使用白炽灯照明，因此将白平衡设置为"白炽灯"，或创建一个自定义白平衡。在此模式下，相机将测量光源的色谱并以电子方式确定独特的白平衡。使用图 11.51 的设置来完成此操作。要谨防荧光照明。许多数码相机的白平衡不能充分适应大多数荧光灯尖锐奇特的光谱。

五、显微镜下拍摄

数十年来，通过带有 35 毫米胶片相机的显微镜拍摄照片已经司空见惯。如今，数码相机正在迅速取代胶片相机。具有中等至极佳分辨率的小型不可拆卸镜头数码相机可通过显微镜拍摄颇为不错的照片。通过显微镜拍摄照片,要将数码相机放置得非常近,但不要接触目镜,然后放大以填充相机的视野(图11.53)。这种常见的方法叫做无焦摄影。

图11.53　通过岩相显微镜拍摄薄片可以使用无焦方法取得优秀的照片。在这种方法中,将具有自动对焦的数码相机放置在目镜上,并用适配器固定到位。这台显微镜有一个三目相机端口。同时,也可以直接通过目镜进行拍摄。

如今充斥市场的各种数码相机使相机与显微镜相匹配的任务成为一项挑战。相机必须与显微镜的目镜兼容,并且必须找到将相机连接到显微镜的方法。那些能使用螺纹附件的相机容易接受适配器。许多公司都在制造这种适配器，这些适配器通常可以在网上找到。已知一些相机可以与显微镜一起使用，包括停产的尼康 990，995 和 4500 系列数码相机。通过电商查看相关信息，在那里总能找到相关的适配器（如 ScopeTronix MaxView Plus 系统）。

以下是几个注意事项，可帮助你将相机与显微镜相匹配并进行必要的相机调整。

（一）镜头匹配

相机镜头的直径应大致等于或小于目镜。如果相机镜头直径过大，照片可能会出现严重的光晕（周边灰色或黑色区域），无法通过变焦来克服。

（二）内部缩放和外部缩放

当某些相机变焦时，可以看到镜头组件移入和移出，这是外部缩放。具有这种变焦类型的照相机将更加难以在显微镜上使用。我们建议使用内置变焦的相机，也就是说，在缩放时镜头组件的位置没有明显变化的相机。

（三）定位和安装相机

相机镜头应该正好在目镜前光晕最小的位置，距离为毫米级至 1～2 厘米。在最简单但相当尴尬的情况下，相机可以安装在目镜前的三脚架上。理想的情况是制作或购买一个适配器，将相机连接到显微镜的观察端口，并允许调整相机镜头和目镜镜头之间的距离。这种适配器确保了易用性并屏蔽了镜头间隙的外部光线。

（四）缩放

数码相机应具有 3 倍或更大的变焦能力。相机正确定位后，使用变焦来消除所有剩余的光晕。另外，可以使用缩放功能放大薄片上让人感兴趣的区域。

（五）手动控制

你需要关闭相机的某些自动功能，包括设置白平衡、关闭闪光灯、尝试曝光补偿以及将光圈设置为其最大开度（最低光圈值）。

（六）调焦

将相机设置为微距（特写）模式，这将提供最宽的自动对焦。当显微镜的焦点正确设置时，相机能轻松地自动对焦。如果你不确定，可以使用精细对焦旋钮稍微抬高或降低显微镜物台，以检查相机的对焦系统是否适应你的更改。在相机对焦范围内进行拍摄。

（七）白平衡

校正人造光是非常重要的。使用前一节中介绍过的白平衡程序（微距摄影）。通常放置在显微镜照明器上的蓝色滤光片可以在设置白平衡的同时保持原位。但是，它可能会改变照明器光线的色谱以至于不能由照相机矫正。可以拍两张照片检查,一张为蓝色滤镜修正白平衡后的照片,另一张为没有蓝色滤镜修正白平衡的照片。第二张照片将作为你比较的标准。比较照片,如果蓝色滤镜照片的颜色与标准的不同,请勿使用蓝色滤镜进行拍摄。

(八)照明

大多数显微镜照明器提供可调节的白炽灯泡。照明器的每次调整都会改变进入显微镜的光线的色谱。如果每次都重置白平衡,大多数数码相机都可以适应这些更改。请最大限度地减少改变光照的次数,并尽量减少重置白平衡。

参考资料及相关网站 →

书籍:

MacKenzie W S,Adams A E. A Color Atlas of Rocks and Minerals in Thin Section[M]. Manson Publishing Ltd,1994:192.

Lauretta D S,Killgore M. A Color Atlas of Meteorites in Thin Section[M]. Golden Retriever Publications and Southwest Meteorite Press,2005.

MacKenzie W S,Guilford C. Atlas of Rock-Forming Minerals in Thin Section[M]. Longman Group Ltd,1980.

MacKenzie W S,Donaldson C H,Guilford C. Atlas of Igneous Rocks and Their Textures[M]. Longman Scientific and Technical,1982.

网站:

制作薄片

http://almandine.geol.wwu.edu/~dave/other/thinsections.

测量薄片中的尺寸

http://www.microscope-depot.com/ret_choose.asp.

附　录 ...

附录 A　陨石中的矿物　　　　　　　　　　　　　　→

　　矿物构成了我们地球乃至太阳系的固体组分,它们是所有岩石和陨石的物质基础。到目前为止,科学家已经确认了大约 4000 种矿物,其中约 280 种是在陨石中发现的。1802 年,仅有 3 种矿物是在陨石中发现的。但是从 20 世纪 60 年代开始,有四五十种新矿物在陨石中被发现,随着新的分析测试技术的引入,这一数字急速增长。此外,越来越多的不同类型的陨石与新矿物被发现。

　　几乎所有天然存在的化学元素都可以参与制造矿物。在太阳系最早的历史中,一些非常奇特的过程形成了陨石矿物。

　　早期太阳系中化学元素的丰度遵循一般模式:较轻的元素最丰富,较重的元素最少。由这些元素组成的矿物遵循大致相同的模式:最丰富的矿物是由较轻的元素组成的。

　　表 A.1 显示了太阳系中最丰富的 18 种元素。这些陨石中丰富的矿物仅由 8 种元素组成:氧、硅、镁、铁、铝、钙、钠和钾。大量的次要及副矿物由少量元素如硫、铬、磷、碳和钛组成。

　　在陨石中,大约二三十种矿物在手持放大镜或岩相显微镜中可以被识别。剩余的矿物是不透明的或者颗粒太小的,这些矿物在透射光学显微镜下不能被检测到,需要用更先进的设备和技术来识别,如反射光显微镜、X 射线衍射、电子探针和电子显微镜等。

　　陨石中含量最丰富的矿物是辉石、橄榄石、斜长石、铁纹石和镍纹石(一种铁镍混合物)以及少量的陨硫铁、陨磷铁镍矿和陨碳铁矿。

　　硅酸盐矿物如辉石、橄榄石和长石,是石质陨石的主要矿物。金属如铁纹石和镍纹石以及少量的陨磷铁镍矿和陨碳铁矿在铁陨石中占主导地位。

　　下述为在陨石中发现的矿物的简要指南。

表 A.1　太阳系中最丰富的 18 种元素（粗体显示的是主要的
造岩元素，这些元素是形成陨石和地球矿物岩石的主要元素）

化学元素	元素符号	原子丰度
氢	H	24300000000
氦	He	2343000000
氧	**O**	14130000
碳	C	7079000
镁	**Mg**	1020000
硅	**Si**	1000000
铁	**Fe**	838000
硫	S	444900
铝	**Al**	84100
钙	**Ca**	62870
钠	**Na**	57510
镍	Ni	47800
铬	Cr	12860
锰	Mn	9168
磷	**P**	8373
氯	Cl	5237
钾	K	3692
钛	Ti	2422

注：每个元素的丰度都与百万个硅原子进行比较。例如，对于每百万个硅原子，有 3692 个钾原子。

一、硅酸盐

矿物的顺序按照英文首字母先后顺序排列。

钠长石（Albite）【$NaAlSi_3O_8$】

钠长石是斜长石固溶体系列的钠端元。在火星陨石中含有少量，在其他陨石中罕见。

钙长石（Anorthite）【$CaAl_2Si_2O_8$】

钙长石是斜长石固溶体系列的钙端元。它是球粒和无球粒陨石中常见的次要矿物，是钙长辉长无球粒陨石中的主要矿物，钛辉无球粒陨石中的次要矿物，还是碳质球粒陨石中的难熔包体。

普通辉石（Augite）【$Mg(Fe,Ca)Si_2O_6$】

普通辉石是在一些无球粒陨石中被发现的富钙的单斜辉石，是钙长辉长无球粒陨石和辉橄无球粒陨石的次要辉石成分,是辉玻无球粒陨石中的主要辉石成分。

古铜辉石(Bronzite)【(Mg,Fe)SiO₃】

古铜辉石是富镁辉石和富铁辉石之间的固溶体系列中的斜方辉石。

倍长石(Bytownite)【(Na,Ca)Al₂Si₂O₈】

倍长石是富钙的斜长石系列成员。常见于钙长辉长无球粒陨石中的钙长石中,少量存在于钛辉无球粒陨石中。

斜顽辉石(Clinoenstatite)【MgSiO₃】

斜顽辉石是陨石中的辉石类矿物。它是单斜辉石系列富镁端元成员。根据其低双折射率和复合双晶的特征,可以在显微镜下鉴别斜顽辉石。它是普通球粒陨石中常见的辉石矿物。

单斜辉石(Clinopyroxene)【(Ca,Mg,Fe)SiO₃】

单斜辉石是单斜晶系的辉石矿物,包括斜顽辉石、易变辉石、普通辉石、透辉石和钙铁辉石。

柯石英(Coesite)【SiO₂】

柯石英是石英砂岩类岩石受到高冲击压力产生的非常致密的石英同素多形体。陨石撞击形成陨石坑的产物。1957年,首次在亚利桑那州的陨石坑附近发现。

透辉石(Diopside)【CaMgSi₂O₆】

透辉石是富含钙镁的单斜辉石。以钙铁辉石为铁端元的固溶体系列的端元。可见于 E 群球粒陨石、顽辉石球粒陨石和中铁陨石中。在 CM 碳质球粒陨石中的难熔包体中也可见少量透辉石。

顽辉石(Enstatite)【MgSiO₃】

顽辉石是斜方辉石中的顽辉石-铁辉石固溶体系列的富镁端元。它是所有碳质球粒陨石和 R 群球粒陨石以及玄武质无球粒陨石中的主要矿物。

铁橄榄石(Fayalite)【Fe₂SiO₄】

铁橄榄石是橄榄石固溶体系列的铁端元。铁橄榄石含量对于普通球粒陨石的岩相学类型的确定是非常重要的。除 E 型球粒陨石外,它是所有球粒陨石中的主要矿物。

长石(Feldspars)【(K,Na,Ca)(Si,Al)₄O₈】

长石为一系列矿物,包括斜长石和正长石。

类长石(Feldspathoids)

这些硅酸盐在化学组成上与长石相似,主要的差异是 SiO₂ 的量。类长石包含的 SiO₂ 含量为长石的 2/3。陨石中常见的类长石是霞石(Na,K)AlSiO₄ 和方钠石 Na₄(Si₃Al₃)O₁₂Cl。它们存在于 CV 球粒陨石中的球粒和难熔包体中。

镁橄榄石(Forsterite)【Mg₂SiO₄】

镁橄榄石是橄榄石固溶体系列的镁端元。

玻璃(Glass)

玻璃常见于许多球粒陨石和无球粒陨石中。由于玻璃没有晶体结构，因此不是矿物。在陨石中，玻璃是熔融硅酸盐迅速冷却并且晶体没有足够时间生长时形成的。如果加热(但不熔化)，然后缓慢冷却，玻璃可以结晶。矿物可以通过高压冲击变成玻璃(见熔长石)。

紫苏辉石(Hypersthene)【$(Mg,Fe)SiO_3$】

紫苏辉石是顽辉石与铁辉石固溶体系中的一种斜方辉石。它比顽辉石和古铜辉石更富含铁。紫苏辉石是浅绿到棕色的古铜无球粒陨石的主要成分，在 L 群普通球粒陨石中也很常见。

熔长石(Maskelynite)【$(Na,Ca)(Si,Al)_3O_8$】

斜长石被冲击变质转化为玻璃。熔长石最常见于含斜长石的冲击辉玻无球粒陨石和普通球粒陨石中。熔长石玻璃的存在可以确定其冲击压力约为30000兆帕或更高。

黄长石(Mellilite)【$(Ca,Na)_2(Al,Mg)(Si,Al)_2O_7$】

黄长石是一种完整的固溶体系列，其组成范围介于镁黄长石 $Ca_2MgSi_2O_7$ 和钙铝黄长石 $Ca_2Al(Si,Al)_2O_7$ 之间，发现于 CV 型球粒陨石的 CAI 与 Allende CV3 型球粒陨石的大型球粒中。

橄榄石(Olivine)【$(Mg,Fe)_2SiO_4$】

橄榄石是从富镁橄榄石到富铁橄榄石的完整固溶体系列矿物。橄榄石的组成通常表示为铁橄榄石的分子百分比(例如 Fa_{20})；或镁橄榄石的剩余百分比(例如 Fo_{80})。陨石中富镁橄榄石比富铁橄榄石更常见。橄榄石是所有球粒和一些无球粒陨石中的主要矿物，但在 E 群球粒陨石和顽辉石无球粒陨石中罕见。见铁橄榄石和镁橄榄石。

正长石(Orthoclase)【$KAlSi_3O_8$】

正长石在陨石中非常罕见。在钙长辉长无球粒陨石和辉橄无球粒陨石中以副矿物形式存在。

斜方辉石(Orthopyroxene)【$(Mg,Fe)SiO_3$】

斜方辉石是斜方晶系辉石矿物，包括顽辉石(也称斜顽辉石)、铁辉石、古铜辉石和紫苏辉石，它们通常被称为低钙辉石。

层状硅酸盐(Phyllosilicates)

这种含羟基和含水矿物的大类通常层状产出。它们包括数种矿物，包括蛇纹石、蒙脱石、云母和绿泥石。在这 4 种矿物中，前两种在陨石中较常见。它们是陨石矿物水蚀变的结果，最常见于碳质球粒陨石中。

易变辉石(Pigeonite)【$(Fe,Mg,Ca)SiO_3$】

易变辉石是具有 5%～15%(摩尔分数)$CaSiO_3$ 的贫 Ca 单斜辉石。它是钙长辉长无球粒陨石与辉玻无球粒陨石中的主要矿物。辉橄无球粒陨石中的易变辉石被橄榄石环带包围。

斜长石(Plagioclase)【$(Na,Ca)(Si,Al)_3O_8$】

斜长石是钙长石(富钙)到钠长石(富钠)的完整固溶体系列矿物。见钙长石和钠长石。

辉石(Pyroxenes)

辉石为一组矿物,包括斜方辉石(如顽辉石)和单斜辉石(如普通辉石、透辉石和易变辉石)。根据辉石成分体系 $CaSiO_3$-$MgSiO_3$-$FeSiO_3$ 的三个端元成员,能更精确地描述辉石的组成。这些端元成员对应矿物硅灰石(Wo)、顽辉石(En)和铁辉石(Fs),并以分子百分比(例如 $Wo_{42}En_{54}Fs_4$)记录。

石英(Quartz)【SiO_2】

石英在陨石中极为罕见。在钙长辉长无球粒陨石、其他富钙的无球粒陨石以及高度亏损的 E 群球粒陨石中发现有少量石英。

林伍德石(Ringwoodite)【$(Mg,Fe)_2SiO_4$】

林伍德石是具有尖晶石结构的橄榄石。1969 年首先发现于普通球粒陨石的冲击脉中。一种高压矿物中富镁的橄榄石在约 150 千巴或更高的压力下会转化为林伍德石。林伍德石是陨石受冲击作用的一个标志。

蛇纹石(Serpentine)【$Mg_3Si_2O_5(OH)_4$】

蛇纹石是由陨石中的富镁硅酸岩、橄榄石和辉石水蚀变后产生的一组含水矿物,在 CI 和 CM 球粒陨石中富集,通常为细粒且混入有机质。

蒙脱石(Smectites)

蒙脱石是一组复杂的黏土矿物,包括蒙脱土和皂石,被发现于 CM 型球粒陨石和火星陨石中。

斯石英(Stishovite)【SiO_2】

斯石英是由陨石撞击含石英的岩石产生的高压极端致密的石英高压相同素多形体。它通常与柯石英相结合,并在超过 100 千巴的静压力下形成。它的产生是陆地陨石坑的标志。

硅灰石(Wollatonite)【$CaSiO_3$】

硅灰石是辉石成分体系 $CaSiO_3$-$MgSiO_3$-$FeSiO_3$ 中的钙端元。通常,这些辉石的组成以这 3 种端元(Wo(硅灰石)、En(顽辉石)和 Fs(铁辉石))的分子百分比表示。

二、碳酸盐

方解石(Calcite)【$CaCO_3$】

方解石在陨石中比较罕见。有时在 CI 球粒陨石中沿脉分布。经常发现其与磁铁矿有关。

三、氢氧化物

正方针铁矿(Akaganeite)【β-FeO(OH,Cl)】

正方针铁矿是陨石中的铁镍金属受陆地风化的主要蚀变产物,它是氯的主要载体,但不一定在陨石中。低镍铁合金直接转化为陨石内的正方针铁矿。

针铁矿(Goethite)【α-FeO(OH)】

针铁矿是铁镍金属在陨石中的主要次生矿物和陆地风化产物。

四、氧化物

铬铁矿(Chromite)【$FeCr_2O_4$】

铬铁矿存在于大多数类型的陨石中,它是普通球粒陨石中的主要氧化物,通常在球粒陨石中以小的、黑色的不透明球粒或半自形颗粒出现。

钛铁矿(Ilmenite)【$FeTiO_3$】

钛铁矿是黑色、不透明、略带磁性的矿物,它是钛元素的主要赋存形式。钛铁矿作为地球成因岩浆岩存在,在无球粒陨石、月海玄武岩和火星玄武岩中作为常见的副矿物存在。

磁铁矿(Magnitite)【Fe_3O_4】

磁铁矿是不透明的黑色强磁性氧化铁,常见于碳质球粒陨石基质中,少量存在于普通球粒陨石和一些无球粒陨石中。它是石陨石熔壳中常见的矿物,并在地表风化的铁陨石上形成黑色涂层。

钙钛矿(Perovskite)【$CaTiO_3$】

钙钛矿是在碳质球粒陨石中的难熔包体(CAI)中发现的高温钙钛氧化物。

尖晶石(Spinel)【$MgAl_2O_4$】

这种氧化物以不透明的八面体形式在陨石中出现,是分异型陨石的主要副矿物,在CV型球粒陨石的球粒、聚集体和包体中可见少量。

五、硫化物

镍黄铁矿(Pentlandite)【$(Fe,Ni)_9S_8$】

镍黄铁矿是青铜色的类似磁黄铁矿的矿物,但在加热之前不具有磁性,通常与陨石中的含陨硫铁包体有关。在CO,CV,CK和CR球粒陨石的基质和球粒中存在镍黄铁矿。

磁黄铁矿(Pyrrhotite)【$Fe_{1-x}S$】

磁黄铁矿是陨石中存在的磁性铁硫化物,在含硫且贫铁的环境下产生。它在外观上类似于陨石中的陨硫铁,是 CM 球粒陨石中的副矿物。

陨硫铁(Troilite)【FeS】

陨硫铁是一种青铜色的硫化铁,在几乎所有的陨石中作为副矿物出现。它可以是铁陨石中的包体,常与石墨包裹体有关。在球粒陨石中,它通常以球粒和基质中的小颗粒存在,平均含量约为 6%(质量分数)。它与磁黄铁矿不同,不具有贫铁的特性,且不具有磁性。

六、磷化物和磷酸盐

陨磷铁镍矿(Schreibersite)【(FeNi)$_3$P】

陨磷铁镍矿是一种铁镍磷化物,通常作为铁陨石和石铁陨石中的矿物,晶体取向与铁纹石中的纽曼线平行。新鲜的陨磷铁镍矿为银白色,氧化后会失去光泽变为青铜色,其周围经常发现陨硫铁团块。除陨石外,地球上没有,是真正的外星矿物。

白磷钙矿(Whitlockite)【Ca$_9$MgH(PO$_4$)$_7$】

白磷钙矿是普通球粒陨石、R 群球粒陨石和 CV 球粒陨石中重要的磷酸盐矿物,也被称为陨磷钙钠石。

七、碳化物

陨碳铁(Cohenite)【(Fe,Ni)$_3$C】

陨碳铁是铁镍碳化物,作为副矿物主要存在于粗八面体铁陨石中,在 3 型普通球粒陨石中也作为次要矿物被发现。氧化后呈青铜色,通常与陨磷铁镍矿相关联。它可以在岩相显微镜下与陨磷铁镍矿区分开来。

碳化硅(Silicon Carbide)【SiC】

碳化硅出现在 Murchison CM 碳质球粒陨石和其他球粒陨石中的星际尘埃粒子中。

八、单元素矿物和金属

铁镍矿(Awaruite)【Ni$_3$Fe】

铁镍矿是一种类似于镍纹石的富镍铁金属,在 CV 球粒陨石、CK 球粒陨石和 R 群球粒陨石中被少量发现。

铜(Copper)【Cu】

铜作为副矿物在普通球粒陨石和铁陨石中广泛分布,在 CV 型球粒陨石中也有发现。它通常以铁镍金属和陨硫铁中的微小包体存在。

金刚石(Diamond)【C】

金刚石是在宇宙空间或地球撞击时由冲击压力产生的石墨的同素异形体。在一些陨石中发现与石墨结核伴生，橄辉无球粒陨石中的碳质基质中有少量，在 CM 球粒陨石中也有发现。

石墨(Graphite)【C】

石墨是铁陨石、普通球粒陨石和橄辉无球粒陨石中常见的副矿物，通常与陨硫铁以结核状共生。可能是ⅠAB铁陨石和橄辉无球粒陨石中的金刚石和蓝丝黛尔石(Lonsdaleite)的来源。在 CI 和 CM 球粒陨石和一些 E 群球粒陨石中也有发现。

铁纹石(Kamacite)【α-(Fe,Ni)】

铁纹石是含镍质量分数为 4.0%～7.5% 的 α 相(低温)铁镍合金。它是铁陨石和石铁陨石的主要金属矿物，是普通球粒陨石中的次要金属矿物，在一些无球粒陨石中也是次要金属矿物。

蓝丝黛尔石(Lonsdaleite)【C】

蓝丝黛尔石是金刚石的六角形同素异形体，出现在橄辉无球粒陨石和ⅠAB铁陨石中。它由母体中石墨的冲击变质产生，且已在实验室由人工生产。

合纹石(Plessite)【(Fe,Ni)】

合纹石通常存在于细粒八面体铁陨石及一些普通球粒陨石中，是铁纹石和镍纹石的共生体。

镍纹石(Taenite)【γ-(Fe,Ni)】

镍纹石是一种 γ 相(高温)铁镍合金，含镍的质量分数为 27%～65%。它表现为与薄片状的片状铁纹石伴生，或者与铁纹石共生形成合纹石。

参考资料

Rubin A E. Mineralogy of meteorite groups[J]. Meteoritics and Planetary Science，32：231-247.

附录 B　岩相学分类 $\rightarrow$

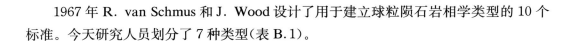

1967 年 R. van Schmus 和 J. Wood 设计了用于建立球粒陨石岩相学类型的 10 个标准。今天研究人员划分了 7 种类型(表 B.1)。

表 B.1　岩相学类型

标准	1	2	3	4	5	6
1.橄榄石和辉石成分的均一性	——	辉石的平均偏差≥5%		成分均匀,平均偏差<5%		非常均匀的铁镁质矿物
2.低钙辉石的结构	——	主要为单斜晶系		单斜晶系 >20%	单斜晶系 <20%	斜方晶系
3.次生长石的发育程度	——	不存在		粒径<2微米	粒径<50微米	粒径>50微米
4.球粒陨石中的火成玻璃	——	清晰且各向同性的玻璃,含量变化大		浑浊不清晰,少量存在	不存在	
5.金属矿物(最大的Ni的质量分数)	——	不含或者含极少量镍纹石(Ni<200毫克/克)	铁纹石和镍纹石含量>20%			
6.硫化物(平均Ni含量)	——	>5毫克/克	<0.5%			
7.球粒结构	无球粒	边界非常清楚的球粒		球粒边界清楚	球粒边界易分辨	球粒边界模糊
8.基质结构	全部为细粒不透明	较多的不透明基质	不透明基质	透明的微晶基质	重结晶的基质	
9.全岩C元素含量(质量分数)	3%～5%	1.5%～2.8%	0.1%～1.1%	<0.2%		
10.全岩H₂O含量(质量分数)	18%～22%	3%～11%	<2%			

附录 C　有用的实验

一、铁陨石中镍含量的测试

当你看到一块疑似陨石的岩石时是否会激动难耐？你找到的也许是一块沉重的,深灰色、棕色或黑色的岩石,表面深空遍布。更重要的是,它能被磁铁吸引。但气孔状玄武岩同样沉重,同样具有表皮,并且也会轻微地被磁铁吸引。但你的这块石头是否含有镍？

陨石中的所有的磁性金属都是铁和百分之几的镍的混合物。如果你的岩石含有镍，它就可能是陨石。含有铁镍混合物的天然地球岩石非常罕见。请注意，许多人造铁器经常含有镍，例如蓝色牛仔裤上的某些铆钉和金属纽扣。

对陨石中镍的测试标准可追溯到 1915 年的 O. C. Farrington。他使用浓盐酸、浓硝酸、浓氢氧化铵、石蕊试纸和镍测试化学品二甲基乙二醛肟（现在要进行他的测试需要防护手套和眼镜）。这里不危险的成分是石蕊试纸和二甲基乙二醛肟。因此，我们考虑到安全性、可行性和测试成本而修改 Farrington 的测试。用食醋代替强酸，用家用氨水代替强氢氧化铵。测试仍然保持相当的敏感性（特别是如方法 2 所述加热醋时）。

这里列出了这个测试的两个版本所需的化学品和设备：

- 蒸馏白醋
- 家用氨水（高纯度，没有肥皂或其他清洁剂）
- 异丙醇或乙醇（99%）
- 二甲基乙二醛肟
- 玻璃罐与瓶盖（无金属）
- 三个小塑料盖，例如水瓶盖（测试方法 1）
- 白色棉签（测试方法 1）
- 滴管

从当地的杂货店或超市购买醋、氨水、异丙醇（99%）和棉签。二甲基乙二醛肟可以很容易地从科学供应公司购买，它是低危险度的浅棕色或白色粉末。建议订购较便宜的"实验室粉末"级别而不是"试剂粉末"级别。25 克二甲基乙二醛肟的价格约为 17 美元（加上约 5 美元的运费）。如果你购买 25 克，你可以用一辈子。你可以从 Wards Natural Science（http://wardsci.com），Science Kit 和 Boreal Laboratories（http://www. sciencekit.com）等几家公司订购二甲基乙二醛肟。

在测试之前，制备二甲基乙二醛肟和乙醇的 1% 溶液。室温下，在玻璃罐中将 1 克二甲基乙二醛肟溶解于 100 克（127 毫升）乙醇中。摇匀以溶解二甲基乙二醛肟，这可能会需要几分钟，只要盖子很紧，这个解决方案就不会出岔子。

准备待测试的岩石样品：

为了进行测试工作，你的这块岩石必须至少包含一些能吸引磁铁的铁金属。即使肉眼看不到，也必须暴露出一些金属才能成功地进行测试。使用钢丝刷，最好是台式磨床或钻孔电机上的钢丝轮以去除风化或腐蚀的表面。或者使用砂纸或砂轮将新鲜的表面暴露出来。不要使用金属器件操作，因为它可能含有镍。通过暴露新鲜表面，醋中的酸可以溶解少量的金属。如果铁中含有镍，那么两种金属都会溶解在醋中，就可以进一步进行镍的测试了。

测试方法 1：

（1）准备需要的化学品和设备（图 C.1）。如图 C.2 所示的 3 个小盖子，在第一个盖子中放入少量醋，在第二个盖子中放入二甲基乙二醛肟溶液，在第三个盖子中放入氨水。盖子里只需要有足够的液体来彻底润湿棉签即可。确保盖子储存的化学品是纯净的。

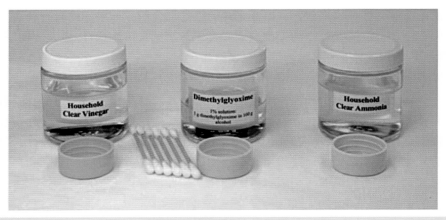

图 C.1　镍的测试方法 1：使用的化学品^①、盖子和棉签。

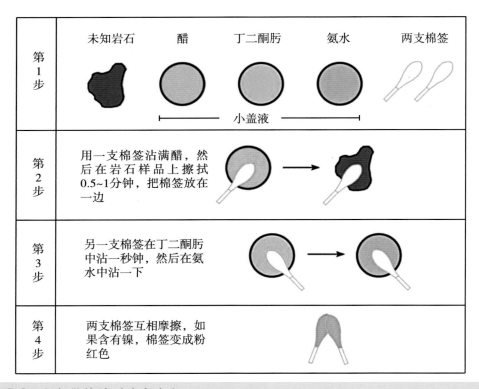

图 C.2　如何做镍的测试方法 1。

（2）将棉签浸入醋中，擦拭待测试样品 1～2 分钟，然后将棉签放在一边。不要让待测试样品潮湿的一端接触任何东西。如果可能，请将待测试样品加热至温度稍高一点，

① 化学品标签从左至右为：家用清洁米醋；丁二酮肟（1% 溶液；100 克酒精中加 1 克丁二酮肟）；家用清洁氨水。——译者注

因为醋在高温下溶解镍的效果要好得多。

（3）将第二支棉签蘸取二甲基乙二醛肟，然后将此棉签浸入氨中。

（4）将两支棉签在一起擦拭。如果镍存在，棉花会变成粉红色。如果没有出现粉红色，重复步骤（2）的操作，保持更长时间的擦拭。即使是淡粉红色也表示有镍。

（5）用水冲洗盖子，然后将其干燥。为防止生锈和腐蚀，请用水冲洗样品并晾干，之后将样品浸泡在99%的酒精中几分钟，再晾干。酒精有助于去除岩石裂缝和孔隙中的水和醋。

测试方法2：

（1）将待测试样品置于无色玻璃瓶或饮用杯中，加入足够的醋以覆盖大部分或全部样品（图C.3）。静置5~10分钟。偶尔搅拌醋（不要用金属搅拌）。

为了加速这个过程并提高测试灵敏度，首先将醋（无样品）加热至38~48 ℃。将含醋的广口瓶放入带供热水水龙头的热水池中，或简单地在微波炉中加热。将样品放在温热的醋中，偶尔搅拌2~3分钟。

（2）在食醋中加入氨水，直到醋的味道变成氨的气味（酸中和），或者简单地在醋中加入等量的氨。如果大量的铁溶解在醋中，溶液可能会变成淡黄色。忽略这种颜色。

（3）加几滴二甲基乙二醛肟溶液在氨水和醋混合液中。如果镍存在，溶液将变成鲜艳的粉红色。即使是微弱的粉红色也表示有镍存在。

（4）倒掉溶液，用水冲洗玻璃，然后将其干燥。为防止生锈和变形，请用水冲洗样品并晾干，然后浸入99%酒精中数分钟，最后晾干。酒精有助于从岩石的裂缝和孔隙中去除水和醋。

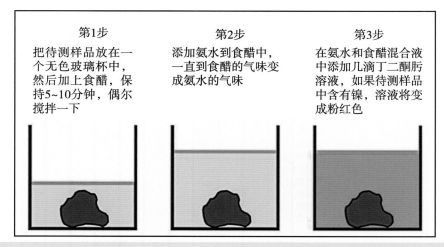

图 C.3　如何做镍的测试方法2。

二、测定体密度

当我们在野外发现一块岩石，并怀疑它是陨石时，应该立即寻找其外部特征，如果存在的话，这些特征将表明它是真正的陨石。我们寻找黑色或深褐色的熔壳、气印；我们测试磁吸引力，因为大多数陨石含有可观的金属铁。当我们把它带回家时，我们可以切片以寻找其是否是陨石的内部证据。这一切都很好，但有些岩石可能会骗过这些测试。熔壳可能已经风化或被陆地氧化物所取代，这使得黄金盆地的陨石看起来像沙漠路面上那些寻常的石头。如果疑似陨石含有金属铁，则磁吸引力能起作用。陨石铁总是含有百分之几的镍，这是陨石的一个明确标志。

　　另一个区分陨石与陆地岩石的有用测试是体密度的测量。大多数陨石的体密度高于普通的陆地岩石(图 C.4)。因此，测量疑似陨石的体密度可能是陨石鉴定中的一个重要步骤，在某些情况下可以判断陨石的类型。

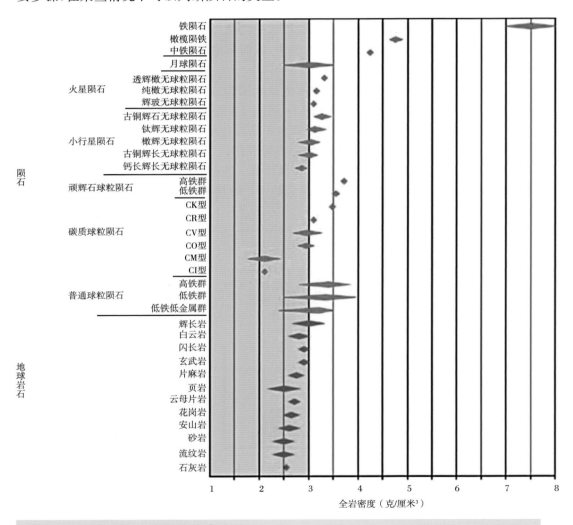

图 C.4　陨石和陆地岩石的体密度。

　　依据阿基米德原理，你可以用电子天平、水、容器、悬挂样品的方法和手动计算器来轻易地测算体密度。图 C.5 显示了测算体密度的流程。

（1）使用电子天平测量样品的质量并做记录，精度为 0.1 克。

（2）将一个装有水的容器放在电子天平上并去皮（清零）操作。

（3）使用连接到标本的细缝纫线和木制铅笔将样品放入水中。将铅笔放在坚固的支架上，通过旋转铅笔将样品放入水中，就像用手摇方式把一个水桶放入老式的水井中一样。确保试样完全浸没在水中，不要接触容器的侧面或底部。然后记录天平测得的质量。

（4）通过将试样质量除以试样浸没时的质量来计算体积密度。

在步骤（3）中，样本可能在被淹没时产生气泡，它是来自样品中微小通道中的气体。在水浸入试样之前要尽快记录质量。

图 C.5 显示了一个质量为 113.7 克的样品，其体密度为 3.52 克/厘米^3。将这个体密度与图 C.4 给出的陆地岩石和陨石的体密度进行比较。体密度为 3.52 克/厘米^3 时，试样可以为 H 或 L 型普通球粒陨石或 EL 顽辉石球粒陨石。

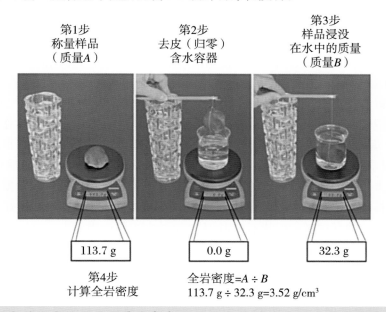

第1步
称量样品
（质量A）

第2步
去皮（归零）
含水容器

第3步
样品浸没
在水中的质量
（质量B）

| 113.7 g | 0.0 g | 32.3 g |

第4步
计算全岩密度

全岩密度=A ÷ B
113.7 g ÷ 32.3 g=3.52 g/cm^3

图 C.5　如何使用电子天平测量体密度。

绝大多数陆地岩石的体密度为 3.0 克/厘米^3 或更低（图 C.4 的棕色区域）。一些岩石例外，如辉长岩和橄榄岩以及一些体密度远高于 3.0 克/厘米^3 的陆地矿石。由于含有金属铁，大多数陨石的体密度均高于 3.0 克/厘米^3。随着时间的推移，陨石由于风化而失去体密度[①]。它们的铁和金属矿物通过氧化和水合作用转变为低密度矿物。最终，高度风化的陨石与陆地岩石将难以区分。

———————————

① 事实上体密度随着风化的影响变化较小，但含金属的陨石的颗粒密度随着风化作用会有较明显的降低。——译者注

附录 D　铁陨石的酸洗 →

购买铁陨石仅仅是漫长的准备、展示和存储过程的开始。蚀刻陨石是一项艺术,因为它是一项精心控制的科学实验。目睹铁陨石的蚀刻是一次迷人的经历。这与观看一张黑白照片打印纸上出现的图像相当。蚀刻是标本冗长的制备过程的最终阶段。铁陨石的内部结构最好通过切割和抛光面来揭示,特别是当我们要研究八面体中的维斯台登纹和六面体中的纽曼线时。将其与用约 10 英寸/小时的速度切割石质陨石(普通球粒陨石)相比较,切割铁镍陨石需要花费大量的时间和精力,切割速度通常不会超过 1 英寸/小时。一旦试样被切割,通常需要继续进行粗磨,以消除切割后陨石表面上出现的任何深度划痕。

切割过程从选择合适的样品开始。在本例中,我们选择了从有名的细粒八面体铁陨石 Gibeon 上切下的样本。成品陨石切片厚约为 5 毫米,前后两面平整且尽可能平行。使用约 1 英寸厚的平滑木块作为下部磨盘,用碳钉将碳化硅磨纸钉在木头边缘。研磨陨石,依次使用这三种标准等级:220#,400#和600#。一级(220#)的作用是减少或消除切割陨石过程中可能出现的表面划痕。使用接下来的两个等级(400#和600#)将出现半光泽度,这对于蚀刻来说已经足够了。

业余爱好者在蚀刻过程中使用了许多化学试剂。最受欢迎的试剂是一种 99%的乙醇和硝酸的混合溶液。当混合乙醇和硝酸溶液时应非常小心,以确保硝酸总是倒入酒精烧杯中,而不是反过来,这可以防止酸的飞溅(使用浓硝酸是危险的,需要非常小心地操作)。化学反应很简单,只需要将 15 毫升浓硝酸与约 90 毫升 99%的乙醇混合。

这个配方可以制造 100 毫升的蚀刻溶液,比单个样品需要的量要多得多。除非你一次蚀刻多个样本,否则只需准备该量的十分之一。在这个阶段工作时,最好戴上乳胶手套和防护眼镜。通常试样的形状不规则,不能平放在工作台表面上。可以通过用一叠干净的黏土牢固地固定样品背面来使它平整。切片应置于浅盘中以确保接住使用过的硝酸溶液。接下来,取一个约 10 毫米宽的小平漆刷,并将刷头均匀地铺展在表面上进行扫动。刷子在表面上的持续运动能保持硝酸均匀地流动。在酸蚀的前两分钟,维斯台登纹将开始出现(请参阅图 D.4~图 D.6 中的照片以帮助判断蚀刻的深度)。随着蚀刻的继续进行,低镍金属铁纹石将缓慢溶解,留下明亮的富含镍的镍纹石边界。当倾斜标本时,你会看到不同的铁纹石层面,根据视角不同,它们会交替出现明亮和黑暗。当达到蚀刻点时,如果金属表面呈银色并且铁纹石呈缎面状,则可将样品从硝酸溶液中取出,并将其置于缓慢流动的自来水中。此时,如果希望进一步使切面变暗,则可以继续进行 3~4 分钟的蚀刻,但通常不会更长。

硝酸多年来一直用于蚀刻铁陨石,但最近出现了一种新的蚀刻剂,其蚀刻速度要快得多,似乎正在取代硝酸溶液。这就是由无线电器材公司(Radio Shack electronics stores)在全国范围内销售的 PC 板蚀刻剂氯化铁($FeCl_3$)。有趣的是,蚀刻剂不是氯化铁。相反,它是副产物盐酸。盐酸比硝酸腐蚀剂强,在短时间内(通常不到 1 分钟)会产生深度腐蚀,特别是如果溶液已被加热到约 38 ℃。与硝酸-酒精蚀刻相比,使用氯化铁蚀刻剂进行的实验已经表明,氯化铁产生更鲜明的维斯台登纹,具有更大的对比度。此外,许多铁陨石显示出比硝酸蚀刻更强的纽曼线。电路板蚀刻剂通常被电子工业用来溶解电路板设计中未受保护的铜。在大多数 Radio Shack 电子商店都可买到 16 盎司①塑料瓶装的试剂。

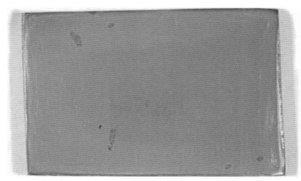

图 D.1　蚀刻前准备好 46.7 克 Gibeon 铁陨石。

图 D.2　部分蚀刻的表面。维斯台登纹出现,因为蚀刻剂优先溶解铁纹石。

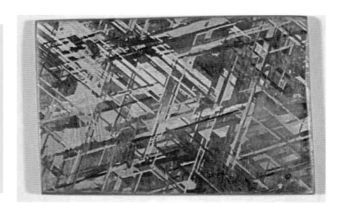

图 D.3　充分蚀刻的 Gibeon 铁陨石。当光线从不同方向照射时,三组铁纹石条带的图案看起来会不同。

---

①　1 盎司(oz) = 28.350 克(g)。

附录 E　单位换算表

长度
1 英寸 = 2.54 厘米
1 英尺 = 0.3048 米
1 英里 = 1.609 千米 = 5280 英尺
1 厘米 = 0.3937 英寸
1 米 = 3.281 英尺
1 千米 = 0.6215 英里
1 天文单位 = 93000000 英里 = 1.5 亿千米
1 光年 = 5.88 万亿英里 = 9.46 万亿千米
1 秒差距 = 3.26 光年

质量
1 千克 = 2.2 磅（海平面）
1 磅 = 0.45 千克（海平面）

速度
1 英里/小时 = 1.609 千米/小时
1 千米/小时 = 0.6215 英里/小时

压力
1 帕 = 0.000145 磅/英寸^2
1 吉帕 = 145000 磅/英寸^2
1 磅/英寸^2 = 6897 帕
1 标准大气压 = 1.013 巴 = 14.70 磅/英寸^2

体积
1 升 = 1000 厘米^3 = 54.21 英寸^3 = 1.057 夸脱

附录 F　组 分 含 量

在本书中，我们经常表达物质的数量占总数的百分比。这些量的原始测量值以体积、质量或物质的量为单位表示，因此百分比表示为体积分数、质量分数或摩尔分数。我们在科学文献中可以发现这些不同的单位百分比。它们各自具有特定的含义和使用的历史传统。

体积分数是指某一组成成分(如陨石的球粒)的体积与所有组分的总的体积的比值。对薄片的网格点计数法会给出组分的体积分数。

质量分数是指某一组分(如铁)的质量与所有成分的总的质量的比值。在湿化学方法大行其道的日子里,矿物和岩石溶解在强酸中,每种元素都以氧化物的形式沉淀出来。将各沉淀物称重并除以所有沉淀物(例如,SiO_2 为 49% 或 FeO 为 8%)的总质量以得到该沉淀物的质量分数。

摩尔分数是一种比较矿物或岩石中不同种类分子(或原子)数量的常用分数。例如,橄榄石可以是纯镁橄榄石(Mg_2SiO_4)、纯铁橄榄石(Fe_2SiO_4)或两者的任意组合(铁和镁可互换)。如果我们说橄榄石是摩尔分数为 22% 的铁橄榄石(也写成 Fa_{22}),这意味着每有 22 个铁原子就有 78 个镁原子(22 + 78 = 100)。

参见图 F.1,比较由橄榄石和铁组成的假想陨石的各种分数的计算差异。

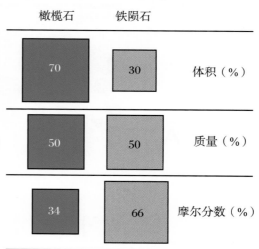

图 F.1　由 70%(质量分数)橄榄石(镁橄榄石)和 30%(质量分数)铁金属组成的假想陨石的体积、质量和摩尔等效百分比。

附录 G　设备、储存和展示

陨石收藏家可以利用一些有用的物品来帮助他们对藏品进行研究、存储和展示。图 G.1 展示了"家庭实验室"的一些工具,图 G.2 和图 G.3 展示了多种用于存储和展示的工具。图 G.1 中选展的一些"家庭实验室"的有用工具如下:

A——小而强的磁铁。建议使用稀土磁体(如钕磁铁)。

B——手持放大镜。7× 至 14× 是最好的。

C——电子天平。建议最小容量为 200 克,精度为 0.1 克。由于尺寸小和能够"清除"(去皮)任何额外的质量,所以首选电子天平。

D——机械天平。建议容量为几百克,精度为 0.1 克。

E——双目显微镜。最好有两个或更多在 10 倍和 100 倍之间的放大倍数或变焦倍数。

F——薄片和薄片盒（见第十一章）。

G——岩相显微镜（见第十一章）。

其他未列出的有用物品是镍测试（附录 C）和蚀刻铁陨石所需的附件（附录 D）。

图 G.2 列出了用于陨石存储和展示的盒子：

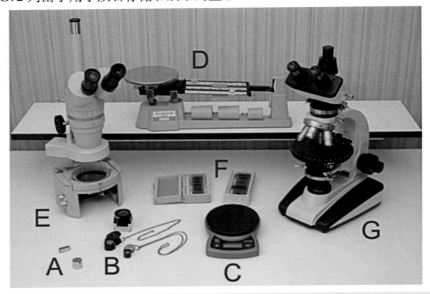

图 G.1　陨石"家庭实验室"的有用工具。

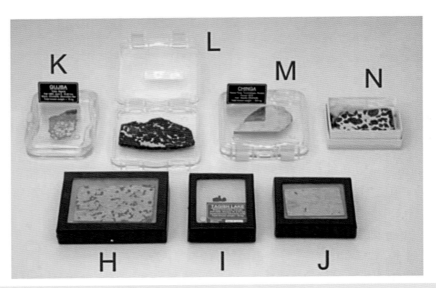

图 G.2　用于存储和展示陨石的盒子。

　　H,I,J——各种尺寸的里克尔盒子,包括玻璃窗和填充物。非常适合陨石厚片和小的未切割的陨石。与之相似但盖子为塑料质的盒子也是可接受的。

　　K,L,M——各种尺寸的薄膜盒子,容纳悬挂在两层薄而高弹性且坚韧透明聚氨酯膜之间的标本。

　　N——各种尺寸的小纸板箱,带有填充物和不透明的盖子。

　　图 G.3 展示了各种标本架。

　　O~S——各种优雅的黄铜色标本架和陨石样品,用于展示美丽的切片和未切割的陨石。

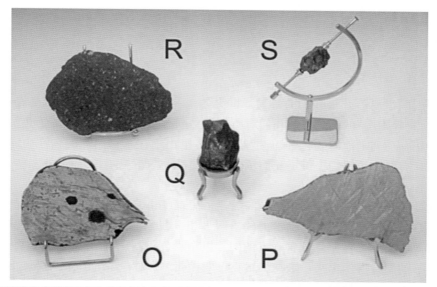

　　图 G.3　用于展示切片和未切割陨石的标本架。

相关网站

www.jensenmeteorites.com/supplies.htm.
www.membranebox.com.
www.meteoritelabels.com/main.html.
www.meteoritemarket.com.
www.migacorp.com/meteorite_display.htm.

致　谢 …⸺⸺⸺⸺⸺⸺⸺⸺⸺⸺⸺⸺

　　本书的问世离不开很多人的帮助。世界各地的科学家、收藏家、陨石商人和陨石猎人对"陨石户外指南"的概念以及我们对所有类型陨石图片的要求均做出了热情的反馈。在这里无法一一列出他们的名字，但是他们的名字出现在本书图片的题注中，我们非常感谢他们。有些人给我们提供了我们从未获得的标本的精美图片，而另外一些人发送标本供我们拍照。

　　特别要感谢的是伦敦顾问出版社的约翰·沃森（John Watson），是他最开始的支持才有了《陨石户外搜寻与鉴定》这本书的出版设想。我们必须要感谢本书的编辑哈利·布隆（Harry Blom），他坚持让这本书的图片以全彩色印刷，这样才使得我们将这些太空访客以美妙的图片展示出来。副总编辑克里斯托弗·考林（Christopher Coughlin）和制作编辑约瑟夫·考特拉（Joseph Quatela）致力于确保本书能够达到既定目的，也能够作为陨石学科的基本介绍以及特定陨石类型的户外指南。

　　最后，我必须感谢我们的妻子们。这本书的写作周期比预想的要长，她们自始至终都在支持。凯伦·基特伍德（Karen Chitwood）反复阅读了本书的大部分文字并提出了许多有用的建议。科学插图画家多萝西·西格勒·诺顿（Dorothy Sigler Norton）贡献了大部分图标和其他插图，并贡献了在线探讨、编辑和无休止的通信往来的精力和时间。

烧蚀(Ablation)

烧蚀是指当流星体穿过地球大气层时,通过加热和蒸发去除和丢失陨石物质。

A 群陨石(Acapulcoite)

A 群陨石是一种原始的无球粒陨石,其中只有部分的熔融和分异发生在母体上。它具有球粒陨石成分,其中还有一些球粒存在。

吸积(Accretion)

吸积是物质通过太阳星云内的粒子碰撞逐渐累积,或者星际尘埃粒子粘在一起形成更大的物体的过程。

无球粒陨石(Achondrite)

无球粒陨石是一类岩浆成因的石质陨石。陨石的母体经历了熔融和分异,这些陨石从岩浆中结晶出来。无球粒陨石包括除普通、碳质和顽辉球粒陨石之外的所有石质陨石类型。

反照率(Albedo)

反照率是指从行星体表面反射的入射光的百分比。

阿莫尔型小行星(Amor Asteroid)

阿莫尔型小行星是近日点在地球轨道之外或距离太阳 1.017~1.3 AU 的小行星。

钛辉无球粒陨石(Angrite)

钛辉无球粒陨石是一种由钙、铝和富钛辉石组成的无球粒陨石。副矿物包括含钙的橄榄石和钙长石。

他形(Anhedral)

他形是指火成岩中的一种矿物,不具备完整的晶面来展示其内部晶体结构。

远日点(Aphelion)

远日点在太阳周围的椭圆轨道上,是行星离太阳最远的轨道上的一点。

阿波罗型小行星(Apollo Asteroid)

阿波罗型小行星是一类近地小行星,其和太阳的平均距离大于 1.0 AU,和近日点的距离小于 1.017 AU。阿波罗小行星是穿越地球的陨石的生产者。

小行星带(Asteroid belt)

小行星带是指火星与木星轨道之间的区域,距离太阳为 2.2~4.0 AU。

小行星(Asteroid)

小行星是指亚行星尺寸的岩石或金属轨道体,不具备彗星的活动特征,通常是、但不局限于主带的小行星。

天文单位(Astronomical Unit,AU)

天文单位是指地球和太阳之间的平均距离,为 $1.496×10^8$ 千米。

无结构铁陨石(Ataxite)

无结构铁陨石又叫富镍铁陨石,由镍含量大于 16%(质量分数)的几乎纯净的镍纹石组成,没有宏观结构。

阿登型小行星(Aten Asteroid)

阿登型小行星为具有大于 1 AU 的远日点距离和小于 1 AU 的半长轴的小行星。

顽辉石无球粒陨石(Aubrite)

顽辉石无球粒陨石是一种石质陨石,由含有岩浆成因的顽辉石作为其主要矿物。它也被称为顽辉无球粒陨石。

玄武岩(Basalt)

玄武岩是常见的细粒火山岩,通常从通气孔或裂隙喷向地球或其他星球表面,矿物含量主要是斜长石和辉石。

玄武岩质无球粒陨石(Basaltic Achondrite)

玄武岩质无球粒陨石是 HED 群陨石的成员,具有与陆地玄武岩相似的结构和组成，据信它们起源于灶神星。

火流星(Bolide)

火流星是一种非常大的流星，降落时有时会伴随着巨大的音爆。

B 群陨石(Brachinite)

B 群陨石是一种罕见的原始无球粒陨石，几乎完全由等粒橄榄石组成。

角砾岩(Breccia)

角砾岩由前几代岩石的角质碎屑组通过细粒基质黏合在一起，是石质陨石的常见结构特征。

富钙铝包体(CAI)

富钙铝包体是富含钙、铝和钛的高难熔包体。它们被认为是第一批从太阳星云中凝结出来的矿物。它们通常在碳质球粒陨石中被发现，特别是 CM2 和 CV3 型球粒陨石。

CB 碳质球粒陨石(CB Carbonaceous Chondrite)

CB 碳质球粒陨石是一群碳质球粒陨石，以标本 Bencubbin 命名。

谷神星(Ceres)

谷神星曾被认为是太阳系已知的最大的小行星，于 1801 年首次被发现，2006 年，国际天文学联合会将其定义为矮行星。

CH 碳质球粒陨石(CH Carbonaceous Chondrite)

CH 碳质球粒陨石是一群碳质球粒陨石，典型标本为 ALH 85085。

纯橄无球粒陨石(Chassignite)

纯橄无球粒陨石是来自火星的陨石，是 SNC 群之一。它类似于陆地纯橄岩，主要由橄榄石组成。

球粒陨石(Chondrite)

球粒陨石是含有球粒的原始石陨石，它是这些球粒的原始聚集体。

球粒(Chondrule)

球粒是通常直径小于 1 毫米的小球形或亚球形岩块，由宇宙空间中的熔融或部分熔融的小液滴形成。

CI 碳质球粒陨石(CI Carbonaceous Chondrite)

CI 碳质球粒陨石是一群碳质球粒陨石,以标本 Ivuna 命名。

CM 碳质球粒陨石(CM Carbonaceous Chondrite)

CM 碳质球粒陨石是一群碳质球粒陨石,以标本 Mighei 命名。

CO 碳质球粒陨石(CO Carbonaceous Chondrite)

CO 碳质球粒陨石是一群碳质球粒陨石,以标本 Ornans 命名。

陨碳铁(Cohenite)

陨碳铁是在铁陨石中发现的副矿物:铁镍碳化物。$(Fe,Ni,Co)_3C$。

彗尾(Coma)

彗尾是指围绕彗核并由太阳辐射产生的彗星体的发光部分。

彗星(Comet)

彗星是一种绕太阳运行的物体,主要由冷冻水、氨、甲烷、二氧化碳以及无数块岩石和灰尘组成。当它从太阳系外缘的疑似起源接近太阳时形成彗尾。

通约轨道(Commensurate Orbit)

通约轨道是指周期是木星轨道周期的简单倍数或分数的小行星轨道。

宇宙尘埃或星际尘埃颗粒(Cosmic Dust or Interplanetary Dust Particles,IDPs)

彗星释放挥发物并捕获尘埃时产生的微观粒子的一般术语;铁颗粒可能由彗尾或小行星之间的碰撞产生;或是巨大的红巨星掉下的尘埃。

CR 碳质球粒陨石(CR Carbonaceous Chondrite)

CR 碳质球粒陨石是一群碳质球粒陨石,以标本 Renazzo 命名。

堆晶(Cumulate)

堆晶是一种岩浆岩结构,由相对较大的晶体组成,通过重力沉淀并积聚在岩浆房的底部。

CV 碳质球粒陨石(CV Carbonaceous Chondrite)

CV 碳质球粒陨石是一群碳质球粒陨石,以标本 Vigarano 命名。

分异(Differentiation)

分异是指一种均质行星体熔化并重力分异成不同密度和组成层圈的过程。天体往往分成地核、地幔和地壳。

古铜无球粒陨石(Diogenite)

古铜无球粒陨石是一种由富含镁的斜方辉石堆积而成的无球粒陨石。古铜无球粒陨石可能代表小行星灶神星的上地幔或下地壳。它与组成 HED 系列无球粒陨石的古铜钙长无球粒陨石和钙长辉长无球粒陨石有关。

散落椭圆(Distribution Ellipse)

散落椭圆是一个通常覆盖几平方英里的椭圆形区域,多数陨石倾向于散射。椭圆的远端分布着更大的陨石,见散落带。

E 群球粒陨石(E Chondrite)

E 群球粒陨石属于顽辉石球粒陨石的一种,是由富镁斜方辉石、顽辉石和铁镍金属组成的高度还原的球粒陨石。

黄道(Ecliptic)

黄道在太阳系中被定义为地球轨道对天空的投影的平面。这是地球绕太阳公转的年度路径,是太阳系物体相对于黄道测量的参考平面。

入射速度(Entry Velocity)

入射速度是一个流星体在成为火球可见轨迹开始时的速度,或者地球大气层顶部流星体的初始速度。

钙长辉长无球粒陨石(Eucrite)

钙长辉长无球粒陨石是最常见的无球粒陨石类型。它起源于岩浆岩,与陆地玄武岩组成和结构相似,可能代表小行星灶神星表面上的熔岩流。

自形(Euhedral)

自形是指矿物晶体完好,具有典型的晶面。

降落型陨石(Fall)

降落型陨石是指一颗陨石被人目击降落在地上,随后被回收。

铁橄榄石(Fayalite)

铁橄榄石是一种富含铁的橄榄石(Fe_2SiO_4),是橄榄石的铁端元成员。

长石(Feldspar)

长石是含有不等量的钠、钙和钾的硅酸铝矿物的总称。

发现型陨石(Find)

发现型陨石是指一颗未曾目击降落的陨石在一段时间后被发现。例如,许多来自南极的陨石的居地年龄为 1 万～70 万年。

镁橄榄石(Forsterite)

镁橄榄石是富镁橄榄石(Mg_2SiO_4),是橄榄石的镁端元成员。

分离结晶(Fractional Crystallization)

分离结晶是指在特定的温度和压力条件下,不同的矿物从岩浆中先后结晶出来,使晶体和原始液体之间不再发生反应,从而改变岩浆的组成。

熔壳(Fusion Crust)

熔壳是石质陨石表面由玻璃质和氧化铁组成的黑色玻璃状覆盖层,由陨石和大气摩擦,陨石表面物质熔融快速冷凝形成。

成壤(Gardening)

成壤是指经历撞击的陨石和小行星表面物质粉碎,重新加热和混合的风化面。

对日照(Gegenschein)

对日照是一个微弱的漫射发光区域,位于太阳对面的黄道面上,由星际尘埃粒子反射太阳光产生。

同源角砾岩(Genomict Breccia)

同源角砾岩是一种角砾状陨石,其中单个碎屑在组成上属于同一个群,但具有不同的岩相学特征。

玻璃(Glass)

玻璃是没有晶体结构的固体材料。由熔体快速冷却形成,其中原子没有时间将其自身排列成有序的原子晶格。

石墨(Graphite)

石墨通常为薄层的碳,光泽柔和,发现于铁陨石中,为结核状包裹体。

H 群球粒陨石(H Chondrite)

H 群球粒陨石是普通球粒陨石群,它们具有最高的总铁含量。

HED 陨石(Howardite, Eucrite, Diogenite)

HED 是古铜钙长无球粒陨石、钙长辉长无球粒陨石和古铜无球粒陨石的总称,它们是玄武岩质陨石，据信起源于灶神星。

六面体铁陨石(Hexahedrite)

六面体铁陨石是指镍含量低于5%的铁陨石，主要由几乎纯的铁纹石组成，这种铁纹石具有穿过晶面的纽曼线。

古铜钙长无球粒陨石(Howardite)

古铜钙长无球粒陨石是由钙长辉长无球粒陨石和古铜无球粒陨石碎片组成的角砾岩，被认为是小行星母体的表壤。

紫苏辉石球粒陨石(Hypersthene Chondrite)

紫苏辉石球粒陨石现在被称为L群普通球粒陨石，这一名称术语已经过时。

紫苏辉石(Hypersthene)

紫苏辉石是富镁的斜方辉石$(Mg,Fe)SiO_3$，是球粒陨石中常见的辉石类型。

单个降落(Individual)

单个降落指一块陨石个体没有在空中爆炸碎裂，基本完好地达到地球表面。

星际尘埃粒子(Interplanetary Dust Particle)

星际尘埃粒子是微米尺寸的尘埃颗粒，通常是球粒组合物，它们沿太阳系平面无处不在，被认为是来自彗星或来自小行星的碎片。

星际颗粒(Interstellar Grain)

星际颗粒是亚微米大小的固体颗粒，被认为是由红巨星弹射的。主要成分是碳(金刚石)、碳化硅和石墨。

L群普通球粒陨石(L Chondrite)

L群普通球粒陨石是金属含量和总铁含量介于H和LL群普通球粒陨石之间的普通球粒陨石。

二辉橄榄岩(Lherzolitic)

二辉橄榄岩是超镁铁质深成火成岩，主要由橄榄石和斜方辉石组成。在碱性玄武岩中常发现斜方辉石和单斜辉石的捕虏体。

LL群普通球粒陨石(LL Chondrite)

LL群普通球粒陨石是普通球粒陨石中含有最少量金属和铁的群。

Lod 群陨石（Lodranite）

Lod 群陨石是原始的无球粒陨石。就像 A 群陨石一样，它们在过去的历史中也遭受了部分熔融。

镁铁质矿物（Mafic Mineral）

镁铁质矿物是富含镁和铁的硅酸盐矿物，这些铁镁质矿物形成镁铁质火成岩。

岩浆（Magma）

岩浆是含有溶解挥发成分和矿物晶体的熔融岩石。通过分离结晶过程，矿物从岩浆中结晶出来并形成火成岩。

月海玄武岩（Mare Basalt）

月海玄武岩是形成月海物质的玄武岩，月海是月亮上的大型盆地。月海玄武岩陨石是最罕见的月球陨石。

基质（Matrix）

基质是指充填于包体和球粒之间的细粒物质。这种物质通常具有与球粒本身相似的组成，主要是富镁的橄榄石和辉石。

中铁陨石（Mesosiderite）

中铁陨石是一类石铁陨石，由铁镍金属和富含镁的硅酸盐矿物的破碎岩石碎片组成。岩石碎片的组成与 HED 系列钙长辉长无球粒陨石和古铜无球粒陨石相似。

填隙物（Mesostasis）

填隙物是最后一种从熔体中凝固的物质。它通常以火成岩中结晶矿物之间的细粒物质或玻璃形式存在。

原球粒陨石（Metachondrite）

原球粒陨石是指已经变质的球粒陨石，起源于球粒陨石。

单矿碎屑角砾岩（Monomict Breccia）

单矿碎屑角砾岩是一种角砾岩，由相似的球粒陨石的基质和碎片组成。

马赛克消光（Mosaicism）

马赛克消光是在正交偏光镜下观察到的矿物晶体的特征，其中消光不均匀，由于晶体内的、小的不规则性而棋盘格化成马赛克图案。当晶体冲击变形时会发生这种情况。马赛克消光是冲击作用的重要指标。

透辉橄无球粒陨石（Nakhlite）

透辉橄无球粒陨石是来自火星的陨石，是 SNC 群之一。它由单斜辉石和橄榄石组成。

近地小行星（NEA）

近地小行星是指轨道靠近地球轨道的小行星。

纽曼线（Neumann Band）

纽曼线是经过轻化学腐蚀后常见的铁镍合金线（双晶面）网格。它是由轻微的冲击而产生的。

八面体铁陨石（Octahedrite）

八面体铁陨石是一种中等镍含量的铁陨石，由低镍金属矿物组成，高镍镍纹石包裹在八面体铁纹石的晶面上。酸蚀刻揭示维斯台登纹。

橄榄古铜球粒陨石（Olivine bronzite chondrite）

橄榄古铜球粒陨石现在被称为 H 群普通球粒陨石，这是一个过时的术语，"H"代表高铁。对于 H 群，总铁元素的质量分数为 15%～19%。

成对陨石（Paired Meteorite）

成对陨石是指陨石同时落下，在不同地方被发现，但通过分析发现它们是相同母体的碎片，因此被认为是相同的陨石。

母体（Parent Body）

母体是指一颗行星大小的天体，通过碰撞产生陨石碎片。

秒差距（Parsec）

秒差距是天文学家通常使用的距离单位。一个物体的距离可能有一个弧秒的恒星视差。1 秒差距＝3.26 光年。

撞击孔（Penetration Hole）

撞击孔是小规模陨石撞击地球表面形成的空洞，陨石和地面接触时未发生爆炸。

近日点（Perihelion）

近日点是指太阳系中运行的天体在其椭圆形运行轨道上最靠近太阳的位置。

橄榄陨铁（Pallasite）

橄榄陨铁是石铁陨石的一种，包含几乎等量的金属和橄榄石，金属形成网格状结构，网格中间被橄榄石晶体充填。

岩石学类型(Petrologic Type)

岩石学类型是用于指示球粒陨石结构和变质程度的标准。

星子/小行星体(Planetesimal)

星子/小行星体是指由太阳系形成初期的固体颗粒或太阳星云压缩物质通过吸积形成直径约为几百英里的小天体,最后通过互相吸引形成了太阳系中的行星。

合纹石(Plessite)

合纹石是由铁纹石和镍纹石在低温下经历复杂的过程形成的细粒的混合结构,通常充填在八面体铁陨石的维斯台登纹中。

深成岩(Plutonic Rock)

深成岩是指由岩浆冷凝固结形成于地球表层之下深部的大的岩浆岩块体。

嵌晶结构(Poikilitic Texture)

嵌晶结构是由小颗粒的自形矿物晶体随机分散在具有代表性的他形较大矿物晶体中形成的一种岩石结构。在球粒陨石中,常见小的橄榄石晶体被包裹在斜方辉石中。

复矿碎屑角砾岩(Polymict Breccia)

复矿碎屑角砾岩是来自不同成分的岩石角砾固结在一起形成的棱角状的角砾岩。

多形(Polymorph)

多形是一种具有多种形态特征的矿物。例如,石墨是无定形的形式,而金刚石具有晶体形态,二者是碳的同素异形体。

孔隙度(Porosity)

孔隙度是指一块岩石中空隙部分占整个岩石空间体积的百分比。

辐射点(Radiant Point)

辐射点是在天空特定星座中的某个点,感觉流星雨中的流星从该点向外辐射的,这是视角的错觉。

难熔元素(Refractory Element)

难熔元素是构成最早期从冷却的气态中凝聚出来的矿物的组成元素,这些元素具有较高的蒸发温度。

气印（Regmaglypt）

气印是指在陨石通过地球大气层时，由于气流不均匀摩擦冲击作用于某些陨石外表上，形成的拇指样浅坑或空洞。这些陨石表面上的多边形凹陷是在陨石通过大气层的熔化阶段产生的熔融特征。

表土角砾岩（Regolith Breccia）

表土角砾岩是一种球粒质角砾状陨石，由固结的岩化表土物质组成。这种岩石具有明暗相间的结构，代表了这类岩石由来自表层和深部两部分物质组成。

延迟点（Retardation Point）

延迟点是流星体穿过地球大气层的路径上的点，在那里，宇宙速度降至零，流星体仅靠地球自身的重力自由落下。

R 型球粒陨石（Rumuruti Chondrite）

R 型球粒陨石是球粒陨石中一个小群，与普通球粒陨石相似，但氧化程度更高，很少有金属存在。

次生特征（Secondary Characteristic）

由于陨石的热变质作用、部分熔融作用和水蚀变作用使母体的原生特征发生变化形成次生特征。它们明确了陨石起源之后撞击破碎分裂之前的物理和化学历史。

辉熔长石无球粒陨石（Shergottite）

辉熔长石无球粒陨石是来自火星的陨石，是 SNC 群中数量较多的一类。它属于玄武岩，以辉石、斜长石和蛇纹石为主要矿物成分。

石铁陨（Siderolite）

石铁陨是由铁和岩石组成的陨石。

亲铁元素（Siderophile Element）

亲铁元素指一类对金属相而不是硅酸盐或硫具有亲和力的元素，属于元素地球化学分类，包括 Fe，Ni，Co，Cu，Pt（铂族金属）等。

SNC 陨石（SNC Meteorite）

SNC 是辉玻无球粒陨石（Shergottite）、辉橄无球粒陨石（Nakhlite）、纯橄无球粒陨石（Chassignite）的缩写。这 3 类陨石都具有年轻的同位素年龄（约 13 亿年），是稀有的无球粒陨石，并且被认为起源于火星。

太空风化(Space Weathering)

太空风化是指由于太阳风粒子和微陨石的影响,使小行星体表面矿物的光谱特性发生变化。太空风化可能会掩盖小行星的真实光谱特征。

偶现流星(Sporadic Meteor)

偶现流星是与周期性流星雨无关的、不可预知的孤立流星体。

石铁陨石(Stony-Iron Meteorite)

石铁陨石是最原始陨石分类中的一类陨石,含有大约相等比例的硅酸盐矿物和铁镍金属,如橄榄陨铁、中铁陨石等。

终端速度(Terminal Velocity)

由于地球引力,在宇宙速度之后自由落下的流星体的速度已经降低为 $320\sim640$ 千米/小时。这通常标志着火球可见踪迹的结束。

三级特征(Tertiary Characteristic)

三级特征是指由陨石母体破碎、冲击变质、大气消融、冲击和陆地风化等产生的特征。

热变质(Thermal Metamorphism)

热变质指由于母体内部加热引起岩石的化学和物理特性的变化,可能是由于 ^{26}Al 的衰变。没有达到熔融温度,因此所有变化都处于固态。这是形成普通和碳质球粒陨石的各种岩相学类型的主要原因。

薄片(Thin Section)

薄片指一块被磨成 0.03 毫米厚并作为透光片置于岩相显微镜中观察的岩石或矿物。

超镁铁质岩石(Ultramafic Rock)

超镁铁质岩石是由 90%以上镁铁质矿物组成的火成岩。

橄辉无球粒陨石(Ureilite)

橄辉无球粒陨石是一种罕见的无球粒陨石类型,由分布在富碳基质中的辉石晶粒和橄榄石组成。

玻璃化(Vitrification)

玻璃化是指在固态时晶体结构转化为玻璃。[①]

挥发性元素(Volatile Element)

挥发性元素是最后冷凝出冷却气体的元素。挥发性元素在低温下相对于难熔元素而言,较容易从气体中凝结或从固体中挥发。挥发物是陨石加热时首先会失去的物质。

维斯台登纹(Widmanstätten Structure)

维斯台登纹是低镍铁纹石和高镍镍纹石共生在八面体铁陨石晶面上形成的一种条纹状结构。

W 群陨石(Winonaite)

W 群陨石是一类非常罕见的原始无球粒陨石,已经部分熔融和分异。它们可能与ⅠAB 铁陨石相关。

俘虏体(Xenolith)

俘虏体是指火山岩中的外来杂质,与主体没有化学相关性。

黄道光(Zodiacal Light)

黄道光是指来自太阳的光线被沿着黄道面和地球与太阳之间的星际尘埃粒子散射形成的光现象。

---

① 原文解释为脱玻璃,概念搞反了! ——译者注

译 后 语 …

　　原著作者理查德·诺顿(1937～2009)于2009年在美国因病不幸与世长辞,谨以此书怀念他,向他致以崇高敬意,感谢他为陨石爱好者留下宝贵的学习资料。他从小痴迷于天文观测,从自制望远镜观测月球、火星和土星环等看得见摸不着的图像开始入门,后来不再满足于观测,开始着手研究实实在在的物质——陨石,但由于专业知识的局限,他邀请了俄勒冈州中部德舒特河国家森林公园的火山与地质学家劳伦斯·基特伍德(在原著完成不久不幸离世,同样以此译著缅怀他)一起来编写这本书,于是才有了这本大百科全书级别的关于天文观测、流星、小行星、陨石鉴定与搜寻、摄影、显微镜等内容的《陨石户外搜寻与鉴定》。而理查德·诺顿和劳伦斯·基特伍德的相遇竟然缘于他们都会弹钢琴,并且小时候均有自制望远镜观测星空的经历。无独有偶,我和李世杰博士相识同样是缘于共同的爱好,我们是陨石学科研人员,同样也是陨石发烧友。我们组建的沙漠陨石科考队足迹遍及祖国大西北的荒漠戈壁。

　　我是桂林理工大学的一名教师,从事陨石学研究已有10个年头,2015年参加了中国第32次南极科学考察,和队友一起在格罗夫山地区收集陨石630块。一次机缘巧合,我和李世杰博士在聊天时谈及我国这几年无论是在陨石的科研还是在民间陨石收藏等方面均取得了长足的进步,但是大家对陨石的认识还存在很多误区,很多陨石爱好者非常渴望能有一本知识全面又通俗易懂的著作。李世杰博士马上从手机上翻出了 *Field Guide to Meteors and Meteorites* 原版电子书,称这本书的图片非常精美,陨石特征非常典型,知识介绍非常全面,特别适合陨石初学者和爱好者,而且对专业陨石研究者快速掌握类型繁多的陨石知识也大有裨益。我们考虑到,就目前的知识及资料储备而言,短期内想写出达到或者超过此书水准的著作非常难,如能将此书翻译给中国广大陨石爱好者,一定会快速提高中国陨石初学者水平,相信译著的出版会受到广大陨石爱好者的欢迎。我在仔细阅读原著后,也被原著丰富翔实的陨石图片和细致的陨石知识介绍深深吸引,并当场表示,一定想尽办法促成此书的尽快翻译和出版。我迅速与桂林理工大学地质博物馆常务副馆长王葆华老师取得联系,王老师对此事非常支持,认为本译著的出版一定会是广大陨石爱好者和初学者的福音。

2018 年 9 月,本译著完成了初步的校稿工作。我们怀着忐忑不安的心情联系到我国"探月工程"首任首席科学家欧阳自远院士,诚邀欧阳老师阅稿并惠赐宝贵意见,恳请老师作序。令我们感动的是,欧阳老师很快就回信了,并欣然应允。欧阳老师的大力支持是我们砥砺前行的动力,更加坚定了我们将原著译准译好的决心。收到欧阳老师回信那天正值我国第 34 个教师节,可谓双喜临门。时已深夜,毫无困意,写下此译后语,借此机会向欧阳自远老师致以崇高的敬意!

翻译过程中,我们秉承"信、达、雅"的翻译标准,在遵从原著内容的基础上斟酌语法和用词,尽量符合中国人的语言习惯和思维逻辑,力求做到精练严密且准确无误。

在本译著出版过程中,得到了桂林理工大学地质博物馆的大力支持,其支付了全部的出版费用。桂林理工大学校长解庆林教授对此事也非常支持,在此向桂林理工大学和解庆林校长致以深深的感谢!在翻译和校稿过程中,中国科学院地球化学研究所的李阳博士、西北大学的研究生彭昊、桂林理工大学的王葆华老师和谢兰芳老师等分别为本译著的翻译校订做了大量工作,在此一并致谢。在我们翻译工作的早期,同时得到了贵州观赏石协会会长陈辉娅女士、贵州观赏石协会陨石专业委员会会长王长令先生、新疆天心星陨石科普馆馆长赵宇贤先生、新疆陨石爱好者孙东方先生、新疆星辰海陨石馆馆长王鹏先生、桂林市观赏石协会陨石专业委员会钟国冰先生和郭周平先生等人的鼓励,在此一并感谢!感谢陨石猎人王卫卫先生提供封面"蜥蜴陨石"原图!并感谢中国科学技术大学出版社参与本书出版的所有人员的辛勤付出!

尽管我们做了最大的努力,但由于译者们水平有限,书中存在谬误在所难免,敬请广大读者批评指正,以期再版时加以订正。

陈宏毅

2019 年 7 月 10 日